丛书主编　颜　实

服饰的故事
——历史与文化

科学与文化
泛读丛书·13

邢声远　编著

山东科学技术出版社
·济南·

图书在版编目（CIP）数据

服饰的故事 ： 历史与文化 / 邢声远编著. -- 济南 ： 山东科学技术出版社， 2024. 9. -- (科学与文化泛读丛书). -- ISBN 978-7-5723-2159-7

Ⅰ. TS941.12-49

中国国家版本馆 CIP 数据核字第 20240JK958 号

服饰的故事——历史与文化

FUSHI DE GUSHI——LISHI YU WENHUA

责任编辑：胡　明

装帧设计：侯　宇

主管单位：山东出版传媒股份有限公司

出 版 者：山东科学技术出版社

地址：济南市市中区舜耕路517号

邮编：250003　电话：（0531）82098088

网址：www.lkj.com.cn

电子邮件：sdkj@sdcbcm.com

发 行 者：山东科学技术出版社

地址：济南市市中区舜耕路517号

邮编：250003　电话：（0531）82098067

印 刷 者：山东新知语印务有限公司

地址：山东省济南市商河县新盛街10号

邮编：251600　电话：（0531）82339899

规格：32开（140 mm × 203 mm）

印张：7.25　**字数：**100千　**印数：**1~3000

版次：2024年9月第1版　**印次：**2024年9月第1次印刷

定价：34.00元

《科学与文化泛读丛书》
编 委 会

前言

服装是穿在人体上起保护和装饰作用的生活必需品，俗称衣裳、衣服。广义的服装还包括鞋、帽等，加上各种饰物，合称服饰。服饰不仅起着遮体、护体、御寒、防暑等作用，而且还起着美化人们生活的作用，是反映一个民族和时代的政治、经济、科学、文化、教育水平的重要标志，也是一个国家是否繁荣昌盛的晴雨表。

服饰是人类特有的劳动成果，它既是物质文明的结晶，又具有精神文明的丰富内涵。回顾历史，人类的祖先在与猿猴相揖别后，身披树叶与兽皮在风雨中徘徊了难以计数的日日夜夜，在与自然界的搏斗中终于艰难地迈进了文明时代的门槛。

服饰是各个时期文明的特殊载体，在长期的发展过程中形成了具有历史和人文内涵的服饰文化。中国服饰文化如同中国其他文化一样，是各民族服饰文化相互渗透、相互影响而形成的。自汉唐以来，特别是步入近代后，又大量吸纳和融合了世界各民族外来文化的精华，逐渐演化成以汉民族为主体的中国服饰文化。

从服饰出现的那天起，人们就将生活习俗、审美情趣、色彩爱好以及种种文化心态、宗教观念融合于服饰之中，构成了服饰文化的丰富内涵。

在科学技术高度发达、人民生活水平不断提高的今天，为了开发适应现代社会发展需要的服饰，以丰富人们的衣着，并使人们穿得健康、美丽和时尚，有必要首先普及服饰方面的有关知识，使从事服饰设计、生产和销售的人员及广大消费者能较全面、系统地了解这些知识，加深对服饰的理性认识，最终为继承、发展与丰富中国服饰文化奉献智慧与力量。

每当笔者漫游在服饰世界里，常常不由自主地产生许多思绪。内心中继承与发扬我国服饰文化的愿望，驱使笔者系统地把各种服饰的前世今生写出来，与有兴趣的人士一起分享中国服饰文化的精彩与魅力，也算是为传播和发展中国服饰文化尽一点微薄之力。

本书的编写目的是普及服饰的历史与文化知识，帮助读者了解服饰的基本功能并科学地选择和利用这些功能，从而穿出健康和美丽。编写时遵循理论联系实际的原则，叙述深入浅出，兼顾科学性、系统性、知识性、实用性与可操作性，尽量使读者看得懂、能实践。

由于本书涉及的内容广泛，时间跨度大，资料来源不多，加上作者的水平和经验有限，书中难免有疏漏和不足之处，恳请业内专家、学者和广大读者批评指正！

编著者

目录

序篇

上篇

中 篇

下 篇

序　篇

一、服饰起源学说概述

众所周知，人与动物的显著区别之一是服饰，也就是说，穿着服饰是人类区别于动物的特有行为。那么，服饰起源于何时？服饰又是怎么产生的？这一直是国内外众多学者感兴趣的问题，他们从不同的角度进行了卓有成效的追寻和研究，提出了许多不同的看法，综合起来，关于服饰的起源有以下几种说法。

(1) 身体保护说：认为服饰是人们用来保持体温、保护身体不受外部物件的损伤和防晒的。这是目前国内学界呼声最高、影响最大的一种观点。

(2) 遮羞说：认为自人类出现以后，不同于其他动物，对裸体有羞耻感，服饰的出现是出于遮蔽身体隐私部位避免外露的需要。

(3)装饰说：出于对身体装饰的需要。

(4)图腾说：原始社会的人认为某种动物或自然物与本氏族有血缘关系，将它作为氏族的标志，称为图腾。为了显示这种标志，将它表现于服饰上，这是一种信仰。

(5)巫术说：将服饰作为咒符穿在身上。

(6)纽衣说：为便于携带物品，用绳子把披挂于身体的东西连接起来，以防止脱落。

(7)特殊说：向别人显示自己的优越性，比如特殊的身份和地位。

(8)共性说：想与他人共有。

(9)伦理说：作为区分氏族氏系的标志。

综观上述9种假说，看起来都有些道理。其中，“身体保护说”“装饰说”“纽衣说”“特殊说”和“共性说”，是从服饰的实效性、外在性进行考虑的；而“遮羞说”“图腾说”“巫术说”和“伦理说”，则是从人类初期的精神需要进行考虑的。但是，仅从以上9种学说中的任何一种出发来说明服饰的真正起源都是困难的、片面的，很难有充分的说服力，很难真实又准确地反映历史的真相，而只能作为一种推测和假说，均带有一定的主观臆测性。

这里特别介绍一下“遮羞说”。根据目前的考古发现，约在旧石器时代后期(距今3万年至1万年)开始有了人类最原始的服饰：在欧洲、非洲以及东方的许多岩洞的壁画和小型雕塑中，在男女形象的下身都有遮挡物的痕迹。在我国的古籍中也有这样的记载：古人田渔而食，以皮遮体，先知遮前，后知遮后。不少学者都认为后世的服饰“韨（fú，也写作黻、芾）”是由古时遮于身体前部的蔽膝而来，并认为服饰是由此发展而来的。在人类历史的同一阶段，在不同的纬度和地理环境下，竟然都出现了遮蔽身体前下部的饰品，不难推测，这很可能是人类思想精神发展所致，而并非自然环境所迫，说明此时人类区别于动物的思想精神正以隐蔽性器的形式表现出来。人类这种隐蔽性器的行为，是此时人类性观念变化的反映。

二、我国服饰发展简史

我国服饰历史悠久。在距今六七千年前的新石器时代，在繁荣的氏族社会中，河姆渡人和大汶口人已广泛种麻、养蚕，纺织、缝纫初兴，衣裳（服装）形成。比较原始的服装是无袖、无领、无裤、无袋的裙衣式。随着社会不断向前发展，以及纺织、缝纫技术的不断进步，逐步形成了各个朝代的各有特色的服装：开始讲究的商代服装，服饰齐全的战国服装，分类定名的汉代服装，工艺精湛的唐代服装，品目繁多的元代服装，等级分明的清代服装，以及品种齐全、绚丽多彩的现代服装，等等。

1. 商代服装

从面料上看，已有组织图、穿线（穿丝）图、提线（提花）等图案，并有织帛、制裘、缝纫的甲骨文记载，奴隶主贵族的服装上有花纹、装饰、镶边，衣服有袖、有襟、有束腰带，而且在领口、袖口、下摆、衣带上已有菱形等复杂的装饰花纹。

2. 春秋战国服装

随着社会向前发展，社会分工越来越细，比如男耕女织，这使纺织、缝纫等手工业逐步发展起来。到了春秋后期，人们已开始使用铁针缝制衣服。战国时，服装已发展到衣着齐全，有冠、带、衣、履四种大类服饰，故有“冠带衣履天下”之称，亦即人从头到脚都穿戴上了纺织品。当时的时兴款式为长、大、宽，即王侯贵族都穿长大袖、大下摆直到拖地的长袍，武将们也穿上了铠甲服，普通平民百姓的穿着虽然简陋，但也较之前有了很大的进步。

3. 汉代服装

纺织业和刺绣业的空前发展，有力地推动了服饰的发展，开始从质朴发展到华丽，各种服装面料名称已基本齐全。当时，贵族们“衣必锦绣，锦必珠玉”的奢侈风气甚为浓厚。汉代，养蚕、织帛、缝衣等手工业十分发达，已开始使用提花机织制衣料。从西汉马王堆汉墓出土的文物中可以清楚地看出，丝织品的锦、绣、绢、纱等衣料非常精细，薄如蝉翼，一件衣服重量不足50克，贵族还把金缕玉衣等高级服装作为殉葬品。宫廷中还专门设“服官”，负责制造衮龙文绣等礼服。中上等人家的服装也较考究，如《孔雀东南飞》中所说：“著我绣夹裙，事事四五通。足下蹑丝履，头上玳瑁光。腰若流纨素，耳著明月珰。”那时，一般的服装也有了固定的名称，如袍、衫、襦、裙等。当时的妇女喜欢穿长裙，而上襦则逐渐变短，配之以梳妆好的高髻，更加突出了妇女的苗条和美丽。现在朝鲜族妇女穿的裙子便是汉代服装留传下来的一种款式。

4. 唐代服装

唐代是我国封建社会最兴盛的时代，当时的政治、经济、文化、艺术等都很发达，同时，与外国的交流极为频繁，因此，唐代是我国服饰发展的一个高峰。中式服装在唐代日趋完善，于是唐装就成为中式服装的别称。唐代服装不仅品种繁多，而且工艺精湛，尤其是宫廷服饰更为考究，有朝服、公服（官吏服）、章服（有等级标志的官服）、皇后服等。盛唐时期安乐公主的一条裙子，采用百鸟羽毛织成，色彩丰富，裙饰百鸟飞翔图，栩栩如生，形象逼真，正、反、昼、夜看去，光彩各异，华贵绚丽，充分显示了我国唐代服装的高超技艺。唐代服装成为我国服装业兴旺发达的重要标志之一。

5. 宋代服装

宋代的服装在唐代的基础上又有了进一步的发展，特别是丝织纹样发展更为迅速，仅锦的品种就有一百余种。当时的女装很讲究衣边上的装饰和刺绣花，类别众多，分为公服、礼服和常服三种。所谓公服是指有公职使命的妇女穿着的服装，上至皇后、贵妃，下至各级命妇；而礼服则是一般人穿的服装，款式较庄重，常在节日和遇大事时穿着，它又可分为吉服和凶服（丧服）两种；至于常服，就是平常的服装，这种服装的品种较多，适用的范围也较广泛，没有统一规定的款式，常因人而异，自由变化。

6. 元代服装

元代服装的主要特点是名目繁多而细。男服有深衣、袄子、罗衫、毡衫等；女服不仅名目繁多而细，而且还有南北之分，如南有霞帔、大衣、长裙、背子、袄子，北有团衫、大击腰、长袄儿、鹤袖袄儿、裢裙等。由此可见，古代服装之名目繁多，要数元朝了。

7. 明代服装

明代服装恢复了汉代、唐代、宋代的式样。当时妇女普遍穿着长衫百褶裙，腰系宽带，半宽袖。开始使用扣子。出现了僧、道服装，其式样与现代的僧、道服装基本相似，只是在颜色上有所区别，一般僧穿枣红袍白边，僧仆穿黑袍白边，而道穿蓝袍白边。

8. 清代服装

清代服装的特点，一是完全用纽扣代替了带子；二是服装等级分明，设立了冠服制度。按照冠服制度的规定，皇帝服用端罩、朝服、龙袍、常服褂、行褂等，戎服用胄甲；皇后服用朝褂、朝袍、龙袍、龙褂、朝裙等；皇子、亲王、贝勒以及妃、嫔、福晋等皇亲国戚的服饰均各不相同；群臣服用端罩、补服、朝服、蟒袍等，袍服上的“补子”（袍子前胸、后背上用金线彩丝绣成的方形图案）以中间的飞禽走兽图案来划分严格的等级，通常是文官服绣飞禽，武官服绣走兽，使人一目了然；士兵穿对襟小袄，绒扣，前后身有圆谱子，中间有“勇”或“兵”字，有时在上袄的外面穿四方开衩的长褂；庶民穿长袍、短褂、敞衣、马褂、旗袍等，同时，也出现了背心、坎肩、短袄、裙钗。

9. 现代服装

现代服装是指从清末的鸦片战争开始到现在的服装。在这一百多年的历史中，由于社会变革大，因此服装的变化也大，主要特点是向短装发展。清代服装逐渐没落，现代中式服装逐步兴起，同时，西式服装开始在中国出现，形成了中、西式服装并存的局面。这一时期，又可以分为三个阶段。第一阶段自1840年鸦片战争到1919年五四运动，这一阶段清代服装仍占主要地位，但随着帝国主义的入侵和1911年帝制被推翻，西式服装和现代中式服装逐步兴起。第二阶段自1911—1949年中华人民共和国成立，这是现代中式服装和西式服装同时并存的阶段。第三阶段是自中华人民共和国成立到现在，这一阶段随着社会制度和经济结构的变化，特别是经济体制改革后，服装发生了巨大的变化，创造并形成了许多具有中国特色、中西结合、丰富多彩的服装式样，人们的服饰焕然一新。在这一阶段，虽然传统的中式服装已从主要服装式样退居到了次要和点缀的地位，但是我国固有的服装形式仍一直流行不衰，如特点显著的便服、单褂、夹袄、棉袄等，其中便服上衣可以缝制得十分得体，穿起来既方便又舒适，而妇女穿的旗袍不仅可以突出女性的姿态美，而且对衣料又绝无苛求，即使是土布，也可同样取得美观、大方、朴素、文静、典雅的效果，这些都是西式服装所不及的。

由此可见，中国服装的式样并非一朝一夕形成的，它是随着社会生产力的不断发展、社会分工的不断明确、社会成员生活的不断提高而逐步发展起来的，当然，对外开放的逐步深入对服装的发展也起到了一定的影响作用。服装是具有较高工艺性的人民生活必需品，它不仅反映了人们的精神面貌，而且也反映了一个国家的政治、经济、科学、文化和教育水平，因此，服装在社会主义物质文明和精神文明建设中起着重要的作用。

三、服装的构成、功用及发展趋势

1. 服装的构成

服装通常由部件、色彩、材料、款式等方面组合而成。部件又称结构部件，一般是指构成服装的零件，如上衣的前后衣片、领、袖、襟等，裤子的裤腰、裤管、口袋等，此外，还包括衬里、衬垫物等。色彩是造成服装颜色感觉的重要因素，服装一般是通过面料的色彩给人以色觉印象，从而形成视觉美观。材料就是构成服装的素材，即服装面料，是形成服装的物质成分。款式是指服装的式样，它是服装的存在形式，也是区别服装品种的主要标识，服装款式追求的是实用性、多样性、艺术性、美观性以及时尚与前卫性，只有不断地创作出新颖别致的款式，才能吸引消费者的眼球，满足消费者的需求，提高人们的衣着水平。

2. 服装的功用

服装的主要功用有以下几种。

（1）保护性：主要是指对人体皮肤的保洁、防污染以及防护身体免遭机械损伤和有害化学药物、热辐射损伤等的护体功能。从保护人体的角度来说，服装是人类的“外壳护甲”。

（2）美饰性：主要是指服装的款式、面料、花型、颜色、缝制加工等5个方面所形成的服装的美感。就广义而言，美饰性还应包括服装穿着者本人的体形、肤色和气质等。因此，服装的美饰性是通过服装的款式、面料、花型、颜色、缝制加工等与人们的合理选用和科学穿着相配合而显现出来的，即人与服装恰到好处地搭配才能给人以美感。

（3）遮盖性：就遮盖性而言，不同的社会、不同的文化传统，表现不尽相同，如有的遮掩严实，有的大面积敞开暴露。它与人类的审美观念、道德伦理、社会风俗等密切相关。现代服装还注重遮盖性与美饰性的巧妙融合，以达到相辅相成的境界。

（4）调节性：主要是指通过服装来保持人体热湿恒定的特性。一年四季春、夏、秋、冬的气温是不断变化的，服装的温度调节性是由服装材料的保湿性、导热性、抗热辐射性、透气性、含气性决定的。

（5）舒适性：主要是指日常穿用的便服、工作服、运动服、礼服等对人体的舒适程度。实际上，服装的舒适性常常表现为服装的重量和适应人体活动的伸缩性。

（6）标志性：是指通过服装的颜色、材料、款式以及装饰件来表明穿着者的身份、地位或所从事的职业。从事军队、法院、工商、税务、医务、铁路、邮政、航空、饮食、银行等行业的人员，都穿用标识明显的职业服。

3. 服装的发展趋势

目前，随着科学技术的飞速发展，服装也发生了前所未有的变化，出现了几大发展趋势。

（1）成衣化：服装由单件来料加工的方式逐步转变为以批量生产成衣为主的方式。

（2）时装化：日常生活服装的造型和装饰将更加突出艺术性和时代风貌，以充分显示人们追求时装美的生活情趣和审美理念。

（3）多样化：服装的造型、品种、款式、质量和档次将向多样化方向发展。

（4）针织化：随着针织科技的发展以及人们对生活简约化和穿着舒适性的追求，针织服装所占的比重将越来越大，而且向外衣发展成为一种趋势。

（5）生态化：随着人们环保意识的不断增强，由环保材料加工制成的服装越来越受到人们的青睐，成为服装发展的一个趋势。

四、服装的形美、色美和意美

随着人们对美的追求，服装美成为人们所追逐之美的核心之一。服装美的内涵十分丰富，涉及的面很广，它包括形美、色美和意美三方面的内容。

1. 服装的形美

服装的形美是指形式美、造型美。它要求服装的款式要符合艺术规律、艺术标准，要有时代特征与时代气息。这意味着服装穿在身上既要比例得当、形态协调、色彩动人、风格和谐，又要与穿着者的年龄、职业相称。这就要求服装明朗、和谐、整洁和大方，而不能刻意单纯追求花哨和奇特。人的服装打扮属于人的外观，与其他客观事物的外部形态一样，是首先被人的眼睛感受到的，因此人的服装打扮首先要遵守形式美的规律，简单地说，就是要使人看了愉快悦目，感觉到美。至于何为美，古希腊毕达哥拉斯认为“美是和谐与比例”，中世纪哲学家圣·托马斯·阿奎那认为“鲜明和比例组成美的事物”。就服装而言，凡是穿在身上呈现出美的，总是比例得当、色彩鲜艳、风格和谐、款式新颖的；反之，举凡风格杂乱、色彩混浊、比例失调、款式陈旧的，就显得丑。当然，审美还与人们的思想观念有关。哲学家黑格尔说："人的一切装饰打扮的动机……刻下了自己内心生活的烙印。"郭沫若则讲得更为明确："衣裳是文化的象征，衣裳是思想的形象。"例如，西方"嬉皮士"们的那种奇装异服，加上披发蓄须的形象，实质上反映了某些青年颓废、绝望的情绪和玩世不恭的态度。我们生活在这样一个朝气蓬勃、生机盎然的新时代，服饰打扮应该与时代合拍，同时坚持个性化和多样化，总的要求应当是明朗、和谐、典雅、脱俗、整洁、大方，反映我们热爱生活、崇尚自然、文明健康、积极乐观的精神面貌。

2. 服装的色美

服装的色美，是指服装的色泽要因时、因地和因人而异，不能千篇一律，要有个性化和差异，既具有清新的感染力，又合乎时代的潮流。服装色彩的选择，一般受消费者心理状态的影响，也会受到从众心理的影响。人们在选择服装颜色时，实际上也是在设计自己在社会中的色彩。服装色彩是人们精神生活的一个组成部分，它和人们的情感有着相当密切的联系，能触发不同的感情和心情。为什么一个人喜欢红而另一个人喜欢绿呢？原来，颜色和人一样，也有着它的"性格"，当一个人和某一种颜色的"性格"相同或相近时，就会情不自禁地喜欢它、爱上它。

红色，一般多表示热情、兴奋、好动、豪放、热烈、希望、胜利、吉祥，也表示权势、焦躁、恐惧、警戒等。

橙色，一般多表示兴奋、喜欢、活泼、快乐、高兴、天真，也表示怀疑、疑惑等。

黄色，一般多表示快活、温暖、和平、稳重、欢乐、热情、乐观、明快、光明、希望，也表示猜疑、警戒等。

绿色，一般多表示友好、舒适、温柔、文雅、文静、爽快、舒畅、青春、和平、安详、生命，也表示不祥等。

蓝色，一般多表示庄重、严肃、和平、安静、沉着，也表示冷淡、神秘、阴郁等。

紫色，一般多表示高贵、权势、富裕、华丽、含蓄、优雅等。

白色，一般多表示纯洁、坦荡、活力、神圣、宁静，也表示肃穆、悲哀等。

褐色，一般多表示严肃、浑厚、坚实、老成、淳厚等。

灰色，一般多表示深沉、平静、淳朴、稳重，也表示平淡、中庸等。

黑色，一般多表示寂静、严肃、深沉、庄重、古老、肃穆、神秘、深远，也表示悲哀、恐怖等。

金色，一般多表示富丽、高雅、华贵、辉煌、荣耀等。

银色，一般多表示光明、柔和、富丽、高雅等。

若有人问哪种色彩最美？回答是："天下无不美的色彩，只有不美的搭配。"搭配得好，就和谐，和谐就是美，这是古典美学家们在许多年前就定下来的"祖训"。例如，上衣与裤子的配色，一般是选用同类色相配效果较好。黑、灰、蓝色的上衣应与黑、灰、蓝色的裤子交叉搭配，咖啡、米、驼色的上衣也是如此，但方格、色条及花上衣应搭配其中最暗颜色的裤子，如穿红黑灰大方格的上衣，就应选用黑色的裤子，才能更加显出方格的风貌。

色美，还要考虑穿着的季节性。春夏季宜淡，秋冬季宜深。夏季的服装，可采用配加辅料点缀的方法。如上衣是白色带小蓝点的，可在领边或胸前、袖边镶上一条蓝色小边或牙子，黄色上衣可加上咖啡色的边修饰，只要同属于一个颜色的过渡色都可相配；还可以用浅色的上衣搭配鲜艳的裙子，显得鲜明、生动、活泼。在百花凋谢时节，冬装的颜色就会趋向于单一。此时，男装不妨用同色而略见深浅的衣料拼裁，也可以在深色的外衣里露出浅色内衣的领子，以求调和之美。女士则可在饰物上大做文章，除了发梳、发卡、发结、项链、胸饰、别针之外，一条围巾、一副手套、一只挎包、一把小伞乃至一册图书，都可用来点缀服色。在深色的冬装上，这些小佩饰都应力求鲜艳夺目，酷似"野径云俱黑，江船火独明"，在生冷的底色上，点点热色会起到"万绿丛中一点红"的效果。

当然，服色还要兼顾肤色。例如，皮肤白皙的人如果选择深一点的衣色，便能衬托肤色；肤色偏黑的人，宜选用灰调子的色彩，如选用黄灰的柠檬色、青灰的橄榄色、红灰的茶褐色等。

3. 服装的意美

服装的意美是指意境美。其实，服装是一种艺术品，服装设计和搭配是工艺美术的一种，而艺术是讲究意境的。服装的意美是在具体的形美、色美之外表现出来的整体的境界和情调，比如服装与穿着者的外在形象和内在气质相得益彰。

只有真正做到服装的形美、色美和意美，才能最大限度地美化穿着者，而要做到形美、色美和意美，消费者在选择服装时也应具有一定的美学知识和审美能力。

五、衣服、服装、时装和服饰概念的异同

迄今，“衣”在中国服饰文化中衍生出了一系列基本概念，出现了衣服、服装、时装和服饰等名词，有些人对这些概念性名词缺乏足够的了解，甚至出现一些误解，有必要进行一些简单的说明。

1. 衣服

衣服是指穿在身上遮蔽身体和御寒的东西。在古代，称上为衣，下为裳，因上衣下裳为中国最早的服装形制之一，故衣服又称衣裳。近代又有“成衣”一词出现，是指按一定规格和型号批量生产的成品服装，它是相对于在裁缝店里定做的衣服和在自己家里自行制作的衣服而言的。因成衣是工业化生产的产品，所以其成本较量身定做的衣服低很多。

2. 服装

服装是衣服鞋帽的总称，一般专指衣服。也就是说，狭义

的服装是指人们穿着的各种衣服，广义的服装是指衣服、鞋、帽。与衣物的其他专业词汇相比，“服装”一词在我国使用广泛，在很多人的头脑里，服装就是衣服，是衣服的现代名称。

3. 时装

时装并非专指穿在模特身上的服装。它是指在某一时期和范围内人们喜欢穿着的新式服装，是指采用合适的面料、合适的颜色和合适的图案制成合适的款式且符合当时当地政治、经济、文化艺术发展趋势的服装，再配上合适的配件，如纽扣、花边、拉链等，可以让穿者舒服，观者悦目。时装也可以理解为时兴的、时髦的、富有时代感和生活气息的服装，它是相对于历史服装和生活中已定型的服装形式而言的。一般而言，时装最具时代感，有发生、发展和消失的过程，这一过程有长有短。除了具有鲜明的时间性和多变性，有的时装还带有示范性，如模特表演时穿着的时装可用来引导时装的发展潮流，其艺术性远大于实用性。最具实用性的时装，在流行过程中可逐步形成风格相对稳定的传统服装。

时装可分成三种。一是高级时装，一般是指专门的设计师设计的先驱作品，其特点是审美性大于实用性，针对个人设计，不考虑成本，模特表演服大多属于此种。二是流行时装，是指成衣厂商从高级时装中选出能代表时代精神、能引起流行的款式，或是根据流行趋向进行再设计，进行批量生产，面对大众，具有审美性和实用性的时装。三是普通时装，它是流行时装经过一定时间的流行后，以一定的形式固定下来的普及定型的成衣。因此，时装是服装行业的窗口，是社会经济、文化生活的产物，反映社会审美意识，体现人的素质、风度、仪表和风貌，可起到美化生活、引导消费的作用，是人类衣着的最活跃、最敏感的组成部分。

4. 服饰

服饰指衣着和装饰，是用于修饰人体的全部物品的总称。它包含的内容十分广泛，除了衣服、鞋、帽等，还包括各种饰物。服饰是一种文化表现，其中包含着许多的科学道理和美学知识。从美学角度看，“服饰美”是一种人的状态美，“衣服美”只是一种物的美。“服饰美”包含着人这个重要因素，它是指人与服饰之间的一种精神上的和谐与统一，是这种和谐的统一体所体现出来的状态美。因此，服饰在一定程度上反映了国家、民族和时代的政治、经济、科学、文化、教育水平以及社会风尚面貌。我国改革开放以来所取得的伟大成就，一般都从衣、食、住、行等方面进行展示，有力地说明服饰在社会生活和文化中占有重要的位置。

上 篇

一、衬衫

据历史记载，中单、衬衫、衬衣、汗衫是同一种服装在不同历史时期的称谓。随着麻、葛、丝等天然纤维的产生，手工纺织开始兴起，并开始用多幅布按人体制成上衣，以替代原始社会用树叶、兽皮制成的防暑御寒的简陋衣服，其裁剪形式近似于现在的中式罩衣。到了秦汉时期，衣制有了进一步的新变化，此时形成了新的统一规定。当时的服制是男服有禅衣、袍服、衫、襦、裤、裙和裘衣等，而女服则有衫襦、袿袍、襜褕（便衣）、狐尾衣、裙、裤等。其中，男服中的"衫"是由"深衣"演变而来的，凡衣有表有里者叫"袍"，而无里者叫"禅衣"，又称"单衣"，系用单层棉帛制作的一种长衣，其中较长者称为"深衣"，较短者称为"中单"。这是周代以来普遍流行的一种服式，秦汉时期的仕宦多将它作为礼服穿用。秦始皇开始把中单称为“衫”，据五代《中华古今注》记载：“三皇及周末，庶人服短褐，襦服深衣，秦始皇以布开胯，名曰衫。”汉朝时，汉高祖刘邦又将中单改名为汗衫，据晋朝《古今注》记载：“中单，衬衣也，汉高祖始改为汗衫。”唐朝诗人李商隐在《燕台四首》诗中对衬衫作了这样的描述：“夹罗委箧单绡起，香肌冷衬琤琤佩。”

衬衫的英文名称是shirt，也称衬衣或内衣。实际上，衬衫是一种西式单上衣（图2-1）。狭义的衬衫指基本型衬衫，广义的衬衫除基本型衬衫外，还包括夏恤衫、秋恤衫、香港衫、夏威夷衫、运动型衬衫、猎装型衬衫和各种花式衬衫等。衬衫可分为内衣类衬衫和外衣类衬衫两类；根据穿着对象的不同，又可分为男衬衫和女衬衫以及男童衬衫和女童衬衫等。当今，衬衫在服饰中处于比较重要的地位，对服饰美有重要的影响，在某种意义上说，可以显示穿着者的身份和审美感。目前，对衬衫面料的质地、花式、品种、质量等要求越来越高，较为流行的是轻、薄、软、挺的面料。

图2-1　衬衫

1. 男衬衫

男衬衫按照穿着场合可分为正规衬衫和便服衬衫两大类。

正规衬衫既可以在正式社交场合穿着，也能在办公室等半正式场合穿着，正统的穿着一般应系领带或打领结，可显示严肃、稳重的气质。在正式场合穿着正规衬衫时，对衬衫的要求比较高，其面料大多由纯棉或亚麻织物制成。在穿用时，衬衫的式样应与其他服装配套协调，以显示出服饰的整体美。

（1）正规衬衫：大多采用纯白色厚上浆的面料，衬衫的前胸应平挺或打褶，在门襟上饰有贵重的饰品，袖口中还应有与之相配的链扣。现代的年轻男子穿着的衬衫式样不像传统的正式衬衫那么正宗，而是有些花哨，而且在前胸、颈部、腕部都带有褶裥。至于在半正式场合穿用的衬衫则没有那么多的清规戒律，主要追求合身、舒适、潇洒。一般采用收腰式和中筒式两种造型，下摆有圆摆和平摆两种，但在正规场合穿用时必须塞入裤内。

正规衬衫的款式变化较少，重点部位是衣领，常用小方领、扣子领、圆领、尖领和翼领等。普通西装衬衫一般采用张角75° 左右的正规型方领；扣子领具有装饰性，故比较适合年轻人或时髦人士穿用；圆领具有柔和的视觉效果，适合与古典式西装相配套；尖领的大小应根据穿用者的脸型和西装驳领的宽窄而定；翼领必须系领结，外面适宜穿大礼服。其次，应是衬衫的门襟和袖口，门襟有简单的内卷式和褶裥式两种，袖口大多采用法国式袖克夫（“袖克夫”又称“克夫”，是英文 cuff 的音译，意思是“袖口”），这种袖式比较端庄、严肃、雅致。

衬衫作为内衣或露外穿着，要求舒适、保暖、美观、透气、符合时代的潮流，其面料可选用全棉精梳高支府绸，经树脂整理后，质地轻薄、手感柔软、透气、吸湿性好。全毛高支纱单经单纬毛织物是高档男衬衫面料中的精品，因薄似蝉翼、质如绢绵、手感滑糯、穿着舒适、端庄高雅而深受青睐。选用真丝塔夫绸、绉缎、绢丝纺、杭纺、杭罗、柞丝绸等作为面料，不仅轻薄柔软、平挺滑爽，而且飘逸透凉，光泽柔和，穿着舒适。此外，仿麻、仿真丝绸纯涤纶薄织物等都可作为新型高档男衬衫的面料，它们洗涤简便、无伸缩、不产生皱纹、无须熨烫，触感并不亚于真丝绸，甚至还可以假乱真。中档衬衫面料可以采用涤棉细纺、涤棉府绸、涤棉包芯纱细布、纬长丝涤棉细纺以及小提花织物、牛津布等。

正规衬衫面料色泽的选用非常重要。单色衬衫一般采用最浅淡、最柔和的颜色，如白色、象牙色、淡褐、浅蓝、淡黄色等，这些颜色丰醇漂亮，十分适宜于上班和正规场合，尤其是白色，象征高雅纯洁，气度大方。条纹衬衫宜采用较窄的明细条纹的优质面料，这种衬衫可显示精明干练的个性，具有华丽端庄的绅士风度。格子衬衫则没有条纹衬衫那么正宗，其颜色宜浅淡而不宜浓艳，否则显得过于花哨，有失庄重。

(2)便服衬衫：男式便服衬衫不同于传统的正规衬衫，它所追求的是显示穿着者潇洒高雅的气质，要求穿着轻松、舒适随意而不失风度，其款式较多，风格也各异，可分为劳动用衬衫、运动用衬衫和休闲用衬衫数种。

劳动用衬衫属于大众型服装，一般以硬翻领为主，也有立领的，衣摆较长，便于塞入裤腰。对面料的要求是质地坚牢厚实，柔软吸湿，通常选用丝光全棉或涤棉混纺的方格布、华达呢、纯棉精梳丝光卡其布、纯棉蓝斜纹布或四枚缎牛仔布，颜色以蓝、灰、黄、黑为主。这种衬衫可以外穿夹克及套装，也可结领带。

运动用衬衫一般不宜结领带或领结，否则将会显得不伦不类。运动用衬衫的款式很多，比较随意，如衣领可有可无，袖子可长可短，颜色选择的范围较广，纹样图案的题材广泛，面料可选用机织物，也可选用针织物。

休闲用衬衫更是丰富多彩，没有严格的规定，比较典型的要数时下流行的 T 恤衫，以轻便、舒适、随意为特点，老少皆宜。休闲用衬衫的衣料选择余地较大，面料色彩、花型变化范围较广，具有很大的随意性。

2. 女衬衫

女式衬衫是女性一年四季必备的衣物。每当夏季，年轻的女性穿上结构简洁、装饰适当、色彩调和、穿着舒适的衬衫，下身穿上一条石磨蓝色斜纹布裙子或牛仔裤，披长发，可显示出纯情少女那种热情似火、天真无邪的气质和风貌。女式衬衫与男式衬衫有所不同，它所追求的是时尚与风韵，因此，它的款式变化节奏快，样式也显得漂亮、花哨，可根据自己的爱好和生活方式随意选择。

女式衬衫就领型而言，有硬翻领衬衫、开领衬衫，简洁明快的无领衬衫，秀气脱俗的立领衬衫，领子和衣身浑然一体的趴领衬衫，装饰味浓烈的飘带式或荷叶边衬衫等等，不一而足，真是五花八门，可充分显示出穿着者的个性和审美观。从衬衫的轮廓造型来看，大致有宽腰直式衬衫、收腰紧身衬衫、下摆收口式衬衫和放摆蓬松式衬衫等等，可满足穿着者对造型美的追求。从衬衫的结构设计来看，也是变化多端，一般是通过衣片的分割组合和拼接形成衣襟在衣前离合的正穿式、衣襟在背后离合的反穿式和套头式衬衫，门襟可正可偏，叠门有单有双；袖型有装袖、插肩袖、灯笼袖、短连袖、泡袖和蝙蝠袖等；装饰加工工艺更多，常见的有机绣、手绣抽纱、贴花、嵌绲、缉裥、明线等。以上这些变化与穿着者的年龄和喜好有关，只要穿着得当，便可使穿着者显得端庄、雅致，或绚丽多彩，或婀娜多姿，美丽动人。

女式衬衫的色调常采用流行色，可更加烘托出女性的魅力和韵味。例如，有纯洁的白、明亮的黄、热烈的红、安宁的绿、富丽的紫、平静的蓝、高雅的灰、神秘的黑等等，但万变不离其宗，色调必须与穿着者的性格、年龄、体形（高矮、肥瘦）、肤色般配，穿着适当，可显示穿着者的个性、气质、涵养和审美观。

3. 仿男式女衬衫

时下，女装男式化风气正盛，一些追赶时髦的女性喜欢“女扮男装”，女性穿男式服装成为较流行的时尚。究其原因，早在女权运动日趋高涨的时期，欧美妇女就已流行穿男式服装。由于男式服装总是带有一种阳刚之气，而女式服装则偏向于阴柔风格，所以女装男式化可取得阴阳相辅、刚柔相济的审美效果。女性穿上仿男式衬衫，再配上深色调的靛蓝短裆牛仔裤和白色耐克旅游鞋，可表现出女性服饰的阳刚之美，是一个现代化女性的绝好写照。

仿男式女衬衫一般采用硬折领，背后无过肩，采用收腰式且有中腰、胸省或肩省。典型的仿男式衬衫为方领或小尖领，反贴边，双贴明袋，高收腰，圆下摆，装袖且多为单克夫式。为了时髦，有的还在领角、袖克夫及贴边、袋口部位绣有同类色小花纹，以求装饰美。

在服饰配套方面，一般是上穿仿男式女衬衫，下穿西装套裙，系上领带或领结，这是一个职业女性的标准装束。衬衫面料的色彩常用白色、象牙色、浅蓝、浅红、浅绿等。休闲式仿男式女衬衫的颜色则比较随意，可以是湖蓝、橘黄、玫红、翠绿等女性传统色以及流行色。

仿男式女衬衫对面料的要求与男式衬衫相似，夏季常穿的轻薄飘逸女衬衫要求选用平滑挺括、轻薄细腻、手感柔软、悬垂性好、吸湿透气、舒适而不粘身的面料，真丝双绉、绉缎、软缎、绢丝纺、提花印花绸以及真丝砂洗绸、高支苎麻织物、高支纯棉府绸和细纺是仿男式女衬衫高档面料的首选。春秋季衬衫一般选用中厚型面料，要求织物平整丰满、厚实细密、柔软吸湿、耐穿耐洗。日常穿着的面料可选用纯棉或涤棉府绸、细布，高档的有真丝绉缎、绸类织物、全毛凡立丁、单面华达呢、彩条格呢、细条灯芯绒等。

4. 衬衫的选择

在选择衬衫的颜色时，必须注意与其他衣服的协调关系。例如，白色衬衫应用范围较广，可以随意和其他颜色相配，而格条、花布衬衫应与素色相配。衬衫的穿用还应与不同的场合相称。例如，工作和学习场合应选择款式朴素、大方美观的衬衫，色彩要文雅柔和，给人一种落落大方的印象，可表现出穿着者的事业心和责任感；在喜庆或节日盛会场合，则应选择精工细做，款式新颖别致，色泽丰富多彩，能充分表现穿着者个性，并可渲染喜庆欢乐气氛的衬衫。在社交场合，应穿有领有袖的衬衫，无领无袖的衬衫一般只适合家常穿着。短袖衬衫不宜选用透明的面料，因为有失大雅和礼貌。春秋季，当外衣的款式和花色较朴素时，衬衫的款式和花色可丰富多变些；如果外衣的款式和色彩已经入时，则应选用款式和色彩较为朴素的衬衫。冬季，衬衫主要作为内衣穿着，应以保暖性为主来选择衣料，色彩则应选择稍深的暖色调。

二、T 恤衫

T 恤衫（图2-2）是春夏季人们最爱穿着的服装之一，特别是烈日炎炎、酷暑难忍的盛夏，T 恤衫以其自然、舒适、潇洒又不失庄重之感的优点，逐步替代昔日男士们穿件背心或汗衫外加一件短袖衬衫或香港衫的模式出现在社交场合，成为人们乐于穿着的时令服装。T 恤衫目前已成为全球男女老幼均爱穿的时髦装，据统计全世界年销售量已高达数十亿件，与牛仔裤一样成了全球最流行、穿着人数最多的服装之一。

图2-2　T 恤衫

1. T 恤衫的来历

T 恤衫又称 T 形衫，起初是内衣，实际上是翻领半开领衫，后来才发展为外衣，包括 T 恤汗衫和 T 恤衬衫两个系列。关

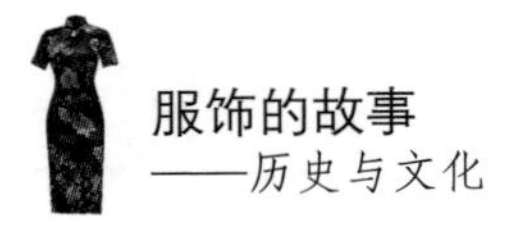

于T恤衫名称的来历一直众说纷纭：一种说法是17世纪在美国马里兰州安纳波利斯卸茶叶的码头工人都穿这种短袖衣，人们把“Tea”（茶）缩写为“T”，将这种衬衫称为T-shirt即T恤衫；第二种说法是在17世纪时，英国水手受命在背心上加上短袖以遮掩腋毛，避免有碍观瞻；还有一种说法是其袖与上身构成“T”字形，其领为T形缝合领，故而得名。1913年，美国海军规定水兵在工作服内穿水手领短袖白色汗衫，其目的之一是遮盖水手们的浓密胸毛。

2. T恤衫的流行

T恤衫真正名扬天下，为广大消费者所喜爱是在20世纪50年代。1951年，美国著名的好莱坞演员马龙·白兰度在电影《欲望号街车》中穿了一件非常合体的T恤衫，露出发达的肌肉，引起观众的注意，而当白兰度再次主演另一部影片《野人》后，T恤衫几乎成了阳刚之美的象征。

从20世纪60年代开始，T恤衫在全球流行，至今经久不衰，而且不再为男性所独享，时髦的年轻妇女们也穿起了T恤衫，并配以蓝色的牛仔裤或超短裙，更显出穿着者的青春活力，具有洒脱、随意、轻松、明快、利索的特点。到了60年代末期，人们开始在T恤衫上印上宣扬和平或抗议的标志。进入70年代，这种带有图像的T恤衫已风靡全世界，成为人们表达感情、宣扬文化、支持崇拜者或政治候选人甚至推销商品的宣传工具。除了年轻人爱穿T恤衫外，一些老年人也不甘落后，我们经常看到来华旅游的外国人在夏季穿着T恤衫，特别是一些年过花甲的老人穿上T恤衫显得年轻、英俊、精神焕发、轻松潇洒。儿童和少年穿上T恤衫更显得朝气蓬勃、活泼可爱。随着科学技术的发展和纺织业的进步，自80年代开始，带有彩色装饰图案的T恤衫投入大批量生产，孩子们穿着印有五颜六色卡通形象的T恤衫满街跑，青年男女也更爱穿着印有彩色图案或简明标语的T恤衫。

纵观全球T恤衫热经久不衰的现象，究其原因主要是T恤衫除具有一般服装的功能以外，还具有方便随意、舒适大方、简洁素净和平等时髦等特点。它帮助男士们甩掉了领带，把他们从烦琐的着装中解放出来，能给人以一种平等、亲近之感，便于相互了解与交流。与此同时，T恤衫还可以令人尽情抒发个人情怀，表达个性，常穿常新，永远时髦。

3. T恤衫的面料

T恤衫所用面料很广泛，一般有棉、麻、毛、丝、化纤及其混纺织物，尤以纯棉、麻或麻棉混纺为佳，具有透气、柔软、舒适、凉爽、吸汗、散热等优点。T恤衫常为针织品，但由于消费者的需求在不断变化，设计制作也日益翻新，用机织面料制作的T恤衫也纷纷面市，成为T恤衫家族中的新成员。这种T恤衫常采用罗纹领或罗纹袖、罗纹衣边，并点缀以机绣、商标，既体现了服装设计者的独具匠心，也使T恤衫别具一格，增加了服饰美。在机织T恤衫面料中，首选的要数具有轻薄、柔软、滑爽等特点的真丝织品，贴肤穿着特别舒适。采用仿真丝绸的涤纶绸或水洗锦纶绸制作的T恤衫，如辅之以镶拼术，可为T恤衫增添特殊风格和艺术韵味，深受青年男女的喜爱。此外，还有由人造丝与人造棉交织的富春纺，经特殊处理的桃皮绒涤纶仿真丝绸，经砂洗的真丝绸、绢纺绸，都是T恤衫的理想面料。物美价廉的纯棉织物更成为T恤衫面料的宠儿，它具有穿着自然、轻松以及吸汗、透气，对皮肤无过敏反应，穿着舒适等特点，在T恤衫面料中所占比例最大，满足了人们返璞归真、崇尚自然的心理要求。

4. T恤衫的变化

由于T恤衫是人们在各种场合都可穿着的服装，款式也可略有变化，如在T恤衫上加适当的装饰，即可增添无穷的韵味。采用油性签字笔在浅色的T恤衫上用英文字母或汉语拼音字母写上自己或心中偶像的名字，或画上几笔简单而充满情趣的简笔画，可显得潇洒而别致。也可采用五彩毛线在T恤衫的两只袖上挑出斑斑点点的小碎花或是简单的几何图形，显得别有情趣。还可把两件花色迥然不同的T恤衫纵向剪成两半，互换后再拼缝起来，可形成特殊的风格。把不再穿着的旧T恤衫下沿剪下一圈，可作为发带使用，这种发带飘扬在青少年女性的头上，人更加显得活泼可爱，充满浪漫主义的情调。通过这些加工制作，可使T恤衫产生新的魅力。

5. T恤衫的穿法

T恤衫的穿法也大有讲究。男士穿上一件条纹T恤衫，能唤起人们对昔日的怀念，浅浅的蓝条纹T恤衫与浅蓝色的牛仔裤配套，二者相得益彰，使穿着者显得活泼而不失文化品位，已成为青年人追逐的时尚。将缀以斑斑点点的花纹和动物图案，配有蓝色领子的深稳色调的T恤衫与浅蓝色的牛仔裤相配，可烘托出活泼而轻松的气氛，整体感觉极佳。年轻女士或少女穿上超短T恤衫，下配长裙，可使穿着者更显苗条和轻松，给人以健康、和谐、协调的美感。女士穿上一件部位分割标准分明的纯白色T恤衫，再辅以金黄色的扣子和蓝色的领子，可与白色的衣身相映而形成宁静的氛围，显得明快而又别具风韵。

三、中山装

图2-3　中山装

中山装（图2-3）是以中国革命先行者孙中山的名字命名的男用套装，是中国现代服装中的一个大类品种，它具有造型简约、穿着简便、舒适挺括、严肃庄重的特点。1929年，民国政府曾规定特、简、荐、委四级文官宣誓就职时一律穿中山装。中华人民共和国成立后，主要领导人毛泽东、周恩来等也都经常穿着中山装出席各种活动，尤其是毛泽东主席对中山装十分欣赏，他一直坚持穿中山装直至逝世，因而外国朋友常称中山装为“毛式制服”。由于革命领袖大多穿中山装，所以中山装在社会上流行非常广泛，在很长一段时间里一直是中国男装的一款标志性服装。

1. 中山装的由来

关于中山装的由来，众说纷纭。据说孙中山先生感到西装式样烦琐，穿着不便，而中国式服装在实用上也有缺点，于是萌生了改变现有服装的念头。

一种说法是，1902年，孙中山先生到越南河内筹组兴中会时，偶入河内由广州籍人士黄隆生开设的洋服店，为了节省外汇，并能体现中国国情而授意黄隆生设计一款既美观简易又实用的中国服装，于是黄隆生参考西欧和日本服装式样，并结合当时南洋华侨中流行的“企领文装”上衣和学生服而设计缝制了“中山装”。

另一种说法是，中山装是由当时的军装改成的。据说，清末在上海南京路与现在西藏路的交叉路口处开有一家西服店——荣昌祥呢绒西服店，店主王财荣曾一度被选为南京路商会会长。“荣昌祥”做西服，工艺精湛，生意兴隆。辛亥革命后，孙中山先生曾多次去该店做西服，颇为满意。1919年，孙中山先生在上海居住期间，有一次刚从日本访问回国，带回一件当时日本陆军的士官服，示意店主王财荣改制此装供自己穿用。后来他要求店主以此装为基样，专门设计一件服装，要求是按中国传统把领子改成直翻领，胸、腹前各做两大两小有袋盖的四只贴袋，两只小贴袋的袋盖做成倒山形笔架式，称为笔架盖，意指革命要重用知识分子。店主将这一款式成样后，孙中山先生试穿，果然合适而又美观，十分欣慰，又指示店主将原来的7粒扣改为5粒扣，意思是代表当时的五权宪法。因为该款式是孙中山先生自己设计的，故店内职员便称这一款式为“中山装”，一直流传到现在。也有人认为，孙中山先生不是将陆军制服拿到荣昌祥呢绒西服店去做的，而是拿到当时上海著名的亨利服装店改制的，究竟是哪家服装店做的，尚有待考证。不管如何，改制的中山装既非“唐装”，更非“西装”，但含有中国传统服饰的底蕴，既美观又大方，既严肃庄重又随意祥和。由于孙中山先生在海内外声望很高，这种服式便不胫而走，迅速流传全国各地，而且在海外华侨中广为流传，成为代表具有五千年文明史的中华民族的“国服”。

2. 中山装的形制

早期的中山装背面有缝，后背中腰有节，上下口袋都有“袢裥”。后来经过不断的改进，逐渐演变成现在的款式：关闭式八字形领口，装袖，前门襟正中钉有5粒明扣，后背整块无缝。根据《易经》、周代礼仪等内容寓以含义，如依据国之四维（礼、义、廉、耻）而确定上衣前襟设有4只明口袋，左右上下对称，有盖，钉扣，上面两个小口袋为平贴袋，底角呈圆弧形，袋盖中间弧形尖出，下面两个大口袋是老虎袋（边缘悬出1.5～2厘米）。根据国民党区别于西方国家三权分立的五权分立（行政、立法、司法、考试、监察）而确定前襟为5粒扣。又根据三民主义（民族、民权、民生）而确定袖口还必须钉有3粒纽扣，袖口可开衩钉扣，也可开假衩钉装饰扣。裤子有3只口袋（两个侧裤袋和一只带盖的后口袋），挽裤脚。很显然，中山装的形成是在西装的基本形式上又糅合了中国传统意识，整体廓形呈垫肩收腰，均衡对称，稳重大方。

总体来说，中山装做工精细考究，领角要做成窝势，后过肩不应涌起，袖子同西装袖一样，要求前圆后登，前胸处要有胖势，4只口袋要做到平服，丝绺要直。在工艺上可分精做和简做两种，前者有夹里和衬垫，一般作为礼服和裤子配套穿用。中山装的优点很多，主要是造型均衡对称，外形美观大方，穿着高雅端庄，活动方便，行动自如，保暖护身，既可作为礼服，又可作为便服；其缺点是领口紧、卡脖子等。

3. 中山装的选择和穿着

中山装的色彩很丰富，除常见的蓝色、灰色外，还有驼色、黑色、白色、灰绿色、米黄色等。一般来说，南方地区偏爱浅色，而北方地区偏爱深色。在不同场合穿用，对其颜色的选择也不一样，作为礼服的中山装，色彩要庄重沉稳；而作为便装穿用时，色彩可以鲜明活泼些。对于面料的选用也有所不同，作为礼服穿用的中山装，面料宜选用纯毛华达呢、驼丝锦、麦尔登、海军呢等，这些面料的特点是质地厚实，手感丰满，呢面平滑，光泽柔和，与中山装的款式风格相得益彰，使服装更显得沉稳庄重；而作为便服穿用的中山装，面料选择可相对灵活，可用棉卡其、华达呢、化纤织物以及混纺毛织物。

中山装素以其特有的沉稳老练、稳健大方的风格，受到广大中老年人的青睐，尤其是中老年知识分子仍然把中山装作为自己的日常服装。在穿着时，要注意中山装的意蕴与人生态度相吻合，要把风纪扣弥合，有人图一时的舒适而敞开领扣，这样会使自己在众人的眼里显得不伦不类，有失风雅和严肃。

四、西装

西装（图2-4）又称西服、洋装。广义的西装是指西式服装，是相对于中式服装而言的欧系服装；狭义的西装是指西式上装或西式套装。西装之所以长久不衰，是因为它拥有深厚的文化底蕴和内涵。主流的西装文化常被人们打上“有文化、有教养、有绅士风度、有权威感”等标签，“西装革履”常被用来形容文质彬彬的绅士。西装的主要特点是外观挺括，线条流畅，穿着舒适，若再配上领带或领结，则更加显得高雅质朴。西装按类型分，可分为男式西装、女式西装和儿童西装三类。

图2-4　西装

1. 西装的由来

西装的结构源于从北欧南下的日耳曼民族服装，据传是当时西欧渔民穿的，他们终年在海里谋生，着装散领、少扣，这样捕起鱼来才会方便。西装中比较考究的是背后开衩的燕尾服，它原是中世纪马夫的装束，后身开衩是为了上、下马方便。西装的硬领是由古代军人防护咽喉中箭的胄甲演变而来的。西裤的样式来自西欧“水手服”，主要是便于捋起来干活。领带则是北欧渔民系在脖子上的“御寒巾”，以后改进成西装重要的装饰品。

现代的西服形成于19世纪中叶，但从其构成特点和穿着习惯上看，至少可以追溯到17世纪后半叶的路易十四时代。当时长度及膝的外衣“究斯特科尔”和比它略短的“贝斯特”以及紧身合体的半截裤“克尤罗特”一起登上了历史舞台，形成现代三件套西服的组成形式和许多穿着习惯。例如，究斯特科尔前门襟扣子一般不扣，要扣的话一般只扣腰围线上下的几粒，这就是现代的单排扣西装一般不扣扣子不表现为失礼、两粒扣子只扣上面一粒的穿着习惯的由来。

大概在19世纪40年代前后，西装传入中国。1879年，宁波人李来文在苏州创办了中国人开的第一家西服店——李顺昌西服店。1911年，国民政府将西装列为礼服之一。1919年后，西装作为新文化的象征，在冲击传统的“长袍马褂”的同时，也使西装业得以发展，逐渐形成了一大批以浙江奉化人为主体的专门制作西装的“奉帮”裁缝。1936年，留学日本归来的顾天云首次出版了《西装裁剪入门》一书，并创办西装裁剪培训班，培育了一批制作西装的专业人才，为传播西装制作技术起了一定的推动作用。20世纪30年代后，上海、哈尔滨等城市出现一些专做高级西装和礼服的西服店，使中国的西装制作工艺在世界上享有一定的声誉。

2. 西装的形制和款式

西装的基本形制为：翻驳领；翻领驳头、戗驳角和平驳角，在胸前空着一个三角区呈V字形；前身有三只口袋，左上胸为手巾袋，左右摆各有一只有盖挖袋、嵌线挖袋或贴线袋；下摆为圆角、方角或斜角等；有的开背衩两条或三条；袖口有真开衩和假开衩两种，并钉衩纽3粒。按门襟的不同，可分为单排扣和双排扣两类。在基本形制的基础上，部件常有变化，如驳头的长短、翻驳领的宽窄、肩部的平跷、纽数、袋型、开衩和装饰等，而面料、色彩和花型等则随流行而变化。做工分为精做和简做两种：前者采用的面料和做工考究，为前夹后单或全夹里，用黑炭衬或马鬃衬作全胸衬；后者则采用普通的面料和简洁的做工，以单为主，不用全胸衬，只用挂面衬一层黏合衬，也有采用半夹里或仅有托肩的。

西装的款式随着时间的变化而有所变化。在20世纪40年代，男式西装的特点是宽腰小下摆，肩部略平宽，胸部饱满，领子翻出偏大，袖口裤脚较小，较明显地夸张男性挺拔的线条美和阳刚之气。此时的女式外套也同样采用平肩掐腰，但下摆较大，在造型上显示女性的高雅之美。到了50年代前中期，男性西装趋向自然洒脱，但变化不很明显。同期的女式外套则变化较大，主要变化为由原来的掐腰改为松腰，长度加长，下摆加宽，领子除翻领外，还有关门领，袖口大多采用另镶袖，并自中期流行连身袖，造型显得稳重而高雅。在60年代中后期，男式西装和女式外套普遍采用斜肩、宽腰身和小下摆。男式西装的领子和驳头都很小，女式外套则较大，直腰长，其长度到臀围线上。袖子流行连身袖及十字袖。西装裙臀围与下摆垂直，长度达膝盖。裤子流行紧腿裤和中等长度的女西裤。此时期的男女服装具有简洁而轻快的风格。到了70年代，男式西装和女式外套又恢复到40年代的基本形态，即平肩掐腰，但领子及驳头较大。男式西装后摆开衩达腰部，裤子流行喇叭裤（上小下大）。女装前期流行短裙，后期则有所加长，下摆也较大。这一时期的男女式西装带有复古的倾向，具有庄重而典雅的线条美。随着时间的推移，在70年代末期至80年代初期，西装又有一些变化。主要表现为，男式西装腰部较宽松，领子和驳头大小适中，裤子为直腿形，造型自然匀称；而女式西装则流行小领和小驳头，腰身较宽，底边一般为圆角，女式西装的下装大多配穿较长而下摆较宽的裙子。这些服装的造型古朴优雅并带有很浪漫的色彩。

3. 男式西装

男式西装一般分为三件套西装（包括背心，也称马甲）、两件套西装和单件套西装三种，它又可分为美式、欧式和英式三种基本式样。美式西装的主要特点是单排扣，腰部略缩，后面开一个衩，肩部自然，垫肩柔软精巧，袖窿裁剪较低，以便于活动，翻领宽度中等，两粒扣或3粒扣。欧式西装的主要特点是裁剪合体，装有垫肩，腰身适中，袖窿开得较高，翻领狭长，大多采用双排扣。英式西装的特点是垫肩较薄，贴腰，采用闪亮的金属扣，后身通常开两个衩。在这三种款式的西装中，以美式西装的穿着最为舒服，而贴身的欧式西装则适合身材修长的男性穿着。

正规西装应为同一面料的上衣、背心、裤子三件套，这种配套方式可显得矜持、稳重、高雅而具有绅士风度，适合广大中老年男士们在重大正规场合穿用。要求外套与背心穿着伏贴，互为一体，切忌内松外紧，必须严格掌握尺寸的大小。在一般情况下，西装背心应与外套和裤子同色同料，但现在比较开放、自由，西装背心可以单穿或与便服配用，所以背心与套装也可以异质异料，如选用各种皮革制作的背心有阳刚之气；选用苏格兰格子呢制作背心，可在严谨中透出几分倜傥帅气，很适合青年人穿着。背心常采用V字领，较易与外套、领带等组合成最佳的搭配。

两件套西装由外套与裤子组成，其穿着范围比较广，无论是上班、赴宴、出席会议等正规场合，还是咖啡馆、酒吧小憩或是散步、会友等休闲活动，都显得雅致而得体。两件套西装

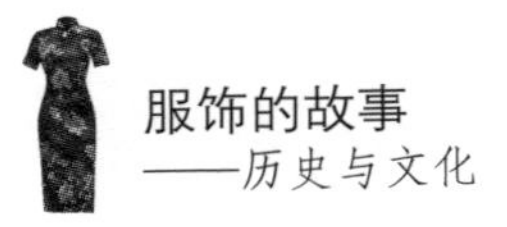

以内穿衬衫为宜，最多再加上一件羊绒衫（或羊毛衫），若里面穿得太多，致使西装不平挺，则有失美观与风度。

三件套西装和两件套西装均属正统西装，穿着时既要遵守传统的规范，又要使之与穿着者本身交融合一，关键就是西装的颜色要和谐协调。正统西装的颜色一般为蓝色、灰色和棕色，若采用蓝色、灰色、棕色的混合色，只要能保持色泽清楚、浓淡适宜，也是可以的，但单一的深棕色以及一些叫不出名称的鲜艳色应尽量不用，如果使用不当会影响到整体美。另外，有些人喜欢使用带隐条隐格图案的黑灰、烟灰、藏青、深棕、浅褐、米黄等色，也不失庄重规范。在正统西装的款式造型上，驳领的宽窄、高低、长短直接影响到西装风格，它取决于穿着者的体型。例如，欧美式西装驳领较宽、较长，最宽的可达8厘米，显得粗犷、豁达；日本式西装的驳领则相对窄些、短些，比较适合东方人的身材特点。

至于单件式西装，无论是款式造型和色彩，还是穿着方式等方面，都趋于自由和随意，穿着也很舒适，迎合了不少青年人的喜好。这种西装可以是镶拼式（如驳领处镶皮革），也可以是宽心裁剪，呈H形，其最大好处是可以不系领带，而且下身可配牛仔裤，活动自如，方便劳动。

西装的面料以毛料为最佳，更能显示出高雅的风度，其他如毛涤混纺面料、毛型化纤面料也较为流行，在织物品种中以花呢类较为常见。对于单件式西装，面料使用范围更广，可以是各种天然纤维质地，也可以是纯化纤质地。在选择西装面料时，双排扣和单排扣也是有所区列的。

双排扣面料要求能充分反映出穿着者的个性和身份，一般在正规场合成套穿着，因此面料比较考究，大多以光洁平整、丰糯厚实的精纺毛料为主，各种花呢、贡呢、驼丝锦是传统的面料。自20世纪末期以来，大多选用缎背华达呢，该面料具有手感滑爽、质地柔软、厚薄适中等特点，适合制作春秋季西装。颜色一般选用较稳重、朴素的素色，常用的有藏青色、黑灰色、蓝灰色、棕色等，青年人喜欢追求时髦而采用米黄色、浅蓝色、浅青色以及其他较饱和的色彩。

单排扣西装既可作为正规场合用套装，又可作为便服使用，其特点是简便、明了、实用、随意。它不像双排扣西装那么讲究，可以敞开衣襟；可穿套装，也可以单穿，可以不系领带或领结，而且还可以把过长的袖口卷起，也可以与套衫、T恤衫等相搭配。近年来，西装日趋便装化，出现了宽松轻薄、犹如夹克的单排扣西装，穿着自由、潇洒，很受青年人的青睐。单排扣西装的面料与颜色根据穿着场合的不同而有所不同。一般来说，在正规场合作为礼服穿用时，要求与双排扣西装相似；如果作为便服穿用，则比较随意，只要自由潇洒、落落大方就行。

厚型西装是采用高档全毛织物以精细工艺缝制而成的，颜色以蓝色、灰色、棕色及白色、黑色为主，是出席宴会、庆典等活动的首选服装；薄型西装则讲究“轻、薄、软、挺”，穿上后颇有轻飘如云、轻装上阵而无压肩重负的感觉，这是从20世纪90年代初开始在全球流行的西装。

4. 女式西装

女性穿男装由来已久，传说中的花木兰从军就是女扮男装。女式西装在欧洲普及是在20世纪妇女离开家庭专职主妇的岗位走向社会和女权运动蓬勃开展以后的事，特别是从第二次世界大战以来，参加社会工作的妇女越来越多，有的还身居要职。随着妇女地位的提高，她们也需要威严、尊重，力求像男性一样给人们留下一个扎实能干、沉稳老练的好印象，于是她们纷纷仿效男性穿着潇洒的西装，女式西装就应运而生，为众多的职业女性所穿用。女式西装一般为上衣下裤或上衣下裙。

女式西装受流行因素影响很大，但根本性的一条是要合体，能够突出女性身材的曲线美，应根据穿着者的年龄、体型、皮肤、气质、职业等特点来选择款式。如年龄较大和体态较胖的女性，宜穿一般款式的西装；年轻少女宜穿花式西装，以突出青春美；皮肤较黑的女性不宜穿蓝、绿、黑等颜色较深的西装；身材瘦小的女性宜穿浅色西装，可对穿着者起到一种放大的视觉效果。

女式西装的特点是：刚健中透出几分娇媚。除了西装领外，还常用青果领、披肩领、圆领、V字领。上装可长可短，长者可达大腿，短者至齐腰处。腰身可松可紧，松身式基本上不收腰或少收腰，有的宽大盖住臀部，造型自然、流畅，追求的是一种自由、洒脱、漫不经心的衣着风格，是目前欧美广为流行的一种着装形式；紧身式与男式西装较为相似，收腰、合臀，并用垫肩加高以扩大肩部，使肩部平直挺拔，其造型呈倒梯形，线条硬挺，平添了几分英武帅气，尤其适合职业女性穿着，可烘托出穿着者干练、自信的风度与气质。在门襟、袖口、领口处还可饰以花边，或是采用镶拼工艺，既可系领结，也可系各种花式蝴蝶结，赋予西装典雅、文静的职业女装风格。

按照传统的习惯，女式西装配穿裤子时，可将上装做得稍长些；如与西装裙配穿，则上装应做得稍短些，但太短会显得不够庄重，而太长又会使人显得不精神，一般选择裙长至小腿最丰满处，这样可充分显示女性腰部、臀部的曲线美。

在选配西装和裙子时，还应根据年龄来合理选配。中老年女性可选择上小下略大的式样，可显示穿着者的稳重、大方；年轻姑娘或少女则宜穿直筒的西装裙，也可选择类似旗袍裙的上大下小的款式，可使穿着者产生婀娜多姿、亭亭玉立的青春美。

女式西装与裤子或裙子搭配时，大多采用同一面料做套装，可增强上下一致的整体感；也可采用不同颜色的面料相配，但要注意色彩的上下和谐与轻重关系。缝制高档西装宜选择纯毛花呢、啥味呢、海力蒙、巧克丁等精纺面料，也可选用毛涤混纺织物。缝制中档西装时，大多选用毛涤混纺织物、粗纺花呢或中长仿毛花呢等。在颜色选择方面，一般以灰色调为主，既可以与办公环境相协调，也适宜与衬衫、丝巾、挎包、饰品等搭配，常用的色彩主要有炭黑色、烟灰色、雪青色、藏青色、宝蓝色、黄褐色、米色、暗紫色、深红褐色、暗土黄色等。上下装可采用同色，也可采用异色。上下装同色显得庄重而有成熟感，这是较为常见的搭配。上下装的色彩互相对比，上浅下深或上深下浅，上简下繁或上繁下简，这样搭配极富动感和活力，适合年轻女性穿着。

此外，在穿西装裙时，不宜穿花袜子，两只脚也不宜分开站立，在重要场合，还应注意皮鞋、皮包的式样和颜色与西装颜色的搭配，以及发型、化妆与西装的协调配合等，以产生更美的效果。

五、夹克衫

图2-5　夹克衫

夹克衫（图2-5）简称“夹克”，这个词来源于英文“jacket”，是一种宽腰身、紧下摆，小袖口，宽处活动方便，紧处干净利索的休闲短外套或短上衣，也泛指下摆和袖口收紧的上衣，有单衣、夹衣、棉衣、皮衣之分。在国外，非正规的短外套，包括不太正统的西装上衣，都称为jacket；在国内，夹克一般指非传统、非正规且长及腰臀的长袖罩衣。夹克作为一种着装，其最大优点是松肩紧腰，穿着舒适，轻松时尚，方便随意，短小精悍，轻便实用，上下装搭配灵活，无论是社交场合还是家居或是室外活动都可穿着，是人人爱穿的一种上衣。夹克与T恤衫、牛仔服一样，是深受人们青睐的经久不衰的服装款式。

1. 夹克的由来和演变

夹克是从中世纪男子穿的用粗布制成的短上衣演变而来

的。15世纪的夹克袖子是鼓起来的，但胳膊并不穿过袖子，袖子只是一种装饰，耷拉在衣服上。到了16世纪，男子所穿的下衣裙要比夹克长，用带子扎起来，在身体周围形成衣裙。1440年，英国国王亨利六世在伊顿创立了伊顿公学，这是一所贵族子弟学校，18世纪末该校的学生制服是一种大翻领、身量较短、前面敞开的夹克，称为伊顿夹克。在法国大革命时期（1789—1794年），在南法工作的意大利工人穿的夹克被法国市民作为短马甲而流行，1792年在巴黎被马赛义勇军战士所穿用，并取名为卡尔玛尼奥尔夹克，这个名称来自意大利西北部城市卡尔玛尼奥尔。这种夹克在腰部以下扎着短巴斯克（类似裙子一样的东西），高翻领，有背心口袋，钉有金属或骨制的扣子，这种衣服常与前开门的马甲（多为红色）以及法国国旗颜色红、白、蓝的条纹裤子和红帽子等组合在一起穿着。林德柏夹克是由1927年第一个横跨大西洋从美国单独飞行到法国的飞行员乔尔斯·林德柏喜穿的飞行夹克演变而来的。这种夹克是一种口袋很深、腰部和袖口都用松紧材料收紧的服装，不仅结实耐磨，而且保暖性极佳，与肩部和腕部都有御寒设计的体育用夹克十分相似。英国是一个十分讲完服饰礼仪的国家，在第二次世界大战前，一些讲究的饭店，身穿普通西装的食客是不允许进餐厅用餐的，必须穿上晚餐夹克方可入内就餐。晚餐夹克，夏季是用白色的亚麻布制作，而冬季则是用黑色毛织物制作。这种夹克属于半礼服性质，利用率很高，除晚餐用以外，还可代替燕尾服在参加一些简单的晚会、舞会或音乐会时使用。

现代夹克是由第二次世界大战时美国空军飞行服逐渐演变而成的。常见的有翻领、关领、驳领、罗纹领等；前开门，门襟有明襟和暗门襟之分，关合用拉链或拷扣；下摆和袖口用罗纹橡筋、装襻、拷扣等收紧；衣身可有前育克（front yoke，即前过肩）；有的肩部装襻；一般采用分割、配色、镶拼、绣花和缀饰等工艺而形成各种款式。

夹克衫自出现以来，经过多次款式的变化，展示出不同时代、不同经济和政治环境以及不同场合、人物、年龄、职业、性别等对夹克衫款式产生的影响，使之成为不同人群都非常喜爱的服装。目前，夹克衫的普及率相当高，流行甚广，已形成系列产品，成为服装中非常兴旺的一个重要“家族”。除普通夹克之外，还有各种功能性的夹克不断问世，它们按专业、用途或款式来命名，如飞行员夹克、运动员夹克、摩托夹克、击剑夹克、猎装夹克、侍者夹克、香奈尔夹克、爱德华夹克、森林夹克、探测夹克、围巾领衬衫袖夹克、翘肩式偏襟夹克、组合式夹克，以及普通拉链三兜夹克、牛仔夹克、翻领夹克、罗纹夹克、青果领夹克等。可以说夹克是当今世界上发展变化较快的服装之一。

2. 男式夹克

夹克虽是男女老幼都爱穿的服装，但其要求却不尽相同。

在世界范围内，男式夹克可以说是与西装并驾齐驱的服装款式，要求具有整齐、大方、沉稳、持重、简练、利索等特点。男式夹克适合不同气质的男性在不同场合穿用，要求穿着轻松适意，上下搭配灵活。例如，简洁、凝重的夹克配上一条西裤，可使穿着者在正规场合轻松自如；轻灵花哨的夹克配上一条靛蓝的牛仔裤，可组成较为理想的休闲服装。轻快活泼的夹克是年轻人的“宠儿”，而稳健端庄的夹克则为老年人所青睐。

战斗式夹克衫（又称艾森豪威尔夹克）是一种紧身短小精悍的款式，适宜青少年男子穿用，其特征是多胸袋，翻领，有肩襻，紧下摆，紧袖口，使穿着者显得潇洒、英俊、强健有朝气。

猎装在国际上被誉为当代的“万能服”，青年男女均爱穿着，其特征是大多带有肩章式襻带，有多个贴式或打裥口袋，西装领，翻驳头，收腰身并有腰带，圆筒袖，具有西装和纯夹克二者的优点，非常适合青年男女在旅游、狩猎或日常生活的各种场合穿着。

近年来，在服装市场上还有一种较为流行的适合青年男子穿着的镶嵌配件夹克，一般在夹克的胸前育克处镶有高档毛织物或皮革等物，色彩近似，但又有稍微差异，应注意领、肩、胸、袋口、摆镶嵌配件的协调性。这种夹克可产生美观、醒目的效果，给人以朝气蓬勃的美感，博得了青年男性的喜爱。

除此之外，还有卡曲衫、香槟衫、拉链衫等，均属于男式夹克系列产品。

男式夹克品种繁多，其造型变化一般是通过对前后衣片进行各种形式的分割组合并采用诸如肩襻、袖襻、腰襻、腰带等附件来达到的，大都具有宽肩、窄腰、露臀的特点。在衣服的色调方面，除传统的蓝色、黑色、藏青色、灰色外，近年来又发展到白色、米色、浅棕色、银灰色、海蓝色等中间色调，有的还把红色、绿色用到了夹克上。

3. 女式夹克

近年来，随着女性参与社会活动越来越多，女性为了穿着方便而又不落俗套，纷纷效仿男性穿着夹克去上班和参加各种社交活动，这确实使上班族女性感到轻松方便而又惬意大方，也使得夹克成为女性衣柜里不可缺少的衣物。女式夹克使用范围很广，既可在春光明媚的较暖和的春末夏初穿着，又可在寒风凛凛的秋冬季穿着；不仅在外出时可穿着，而且又可权充家居便服。如何穿得更美，关键在于如何与下装搭配。一般而言，女式夹克可恰当地与连衣裙、长短裙、一步裙及女裤配伍，这是因为女式夹克几乎包括了所有外轮廓造型、细节造型和构成手段。刺绣、镶嵌、绲、拼等各种传统的工艺方法，常为女式夹克注入娟秀和美观。

女式夹克一般可分为长、短两类，长的衣长盖臀，清新流畅，恬静脱俗；短的衣长仅至腰节，精悍自然，潇洒大方。在造型上，宽松舒适的夹克可隐约显示女性的曲线美。宽松蝙蝠袖夹克尤其适宜青年女性穿着，别有一番情趣，其特点是袖口和底摆为紧身型，或是采用松紧毛线织罗口配边，用以突出宽松的身、袖特有的蝙蝠外形，有的在身、袖之间还有明、暗裥褶和各种装饰配件，以突出其时装化。穿着时如配穿多袋牛仔裤或紧身裙，则可平添几分魅力，显得自由洒脱，更能突出女性的形体美。宽肩收腰的夹克则大有男性风范，是女装男性化的杰出代表。

女式夹克的领型变化较多，有立领、翻领、驳领等式样。门襟常用拉链或纽扣。袖型有长袖、半长袖，也有泡泡袖、接袖、插肩袖等。在服装结构上，采用较多的是分割组合的方法，以求得服装的外形变化，同时还可利用各种颜色和不同质地的织物进行镶拼。在工艺的使用上，大多采用缉明线、打裥、省道的方法进行装饰。也有的女式夹克采取“拿来主义”的方式，把男式夹克原封不动地搬来照用，这就成了名副其实的“两性夹克”或“中性夹克”。

4. 夹克的选择

夹克衫的款式非常多，按照衣领造型分有立领、翻领、西服领和驳领等，按袖口分有一般袖口、罗纹袖口、拉链袖口等，衣片的开刀可分为前育克、后育克、斜直开口，再配上镶拼、嵌线、荡条等，变化就更多了。夹克衫又有单的、夹的、半夹的，还有两面穿的和组合式的。按面料分，有棉布类、毛呢类、化纤布类、人造革类和皮革类。上衣的口袋变化很多，有开袋、贴袋、开贴袋、拉链袋、钱包袋等，仅一件钓鱼用夹克衫就有多达17个口袋。夹克衫的颜色一般以平素的深浅咖啡色、黑色、杂色为主，也有灰色、蓝色以及条格、印花、绣花等。

选择夹克衫主要考虑以下几个方面：

（1）在款式上，一般要求外形轮廓有适当夸张的肩宽，配了上下衣后，要能形成上宽下窄的T字体型，给人以潇洒、修长的美感。具体而言，对于肥胖体型的人，夹克宜采用竖线分割的各种条形装饰线，穿上后给人以挺拔、秀丽的视觉效果；对于瘦长体型的人，夹克宜采用横线分割的装饰线，以增加穿着者体宽的感觉；青年人特别是女青年应选购斜条分割和多装饰的夹克，也可选购横直线条分割或多种几何图形装饰的夹克，以给人活泼、有朝气、充满青春活力的感觉。

（2）应注意颜色协调搭配，注意领口与袖口以及袖口与下摆的面料色彩一致，肩、袋、袖、胸等各种装饰件和装饰线条的形状、色彩需相呼应，这样既可避免杂乱无章的视觉效果，又可达到造型活泼利落和相互协调的美观。

（3）面料的选择很重要，应根据夹克的款式选用不同质地的面料，做到款式和面料相互协调。

（4）关注产品质量，在选择夹克时，服装的缝制质量以及辅料配件的质量与装饰性能也十分重要。

六、婚礼服

结婚是人生的一件大喜事，为了庆贺人生的这一转折点，人们都要热热闹闹地操办一回。青年男女在新婚燕尔的大喜日子里，都希望把自己打扮得漂亮入时，让幸福的时刻充满着喜庆的色彩，给以后的生活留下最美好的回忆。

在办婚庆喜事这一天，新郎、新娘都要穿着婚礼服。历史上，婚礼服经历了多次演变，但万变不离其宗，都是当时最为时尚的服装。因此，婚礼服就成为各国礼服中的一个重要分支。中国是强调等级的礼仪之邦，又具有悠久的服饰文化历史，过去的婚礼服常常象征着新郎、新娘的权势和地位。

现代结婚礼服源于欧洲，新娘所穿的连衣裙款式、下摆拖地的白纱礼服（图2-6），原是天主教徒的典礼服。由于古代欧洲一些国家是政教合一的国家，新娘只有穿上白色的典礼服向天主表示真诚与纯洁，

图2-6　白色婚纱

才能算是正式的合法婚姻。初婚一般是穿白色婚纱；若是再婚，则穿粉红色或湖蓝色等浅颜色的婚纱，以示区别，说明婚纱颜色的选择是有讲究的。

1. 中国婚礼服的演变

随着时代的变迁、社会的进步和经济的发展，中国婚礼服也在发生变化。在20世纪初叶及以前，传统的中式婚礼服是长袍马褂和凤冠霞帔。新娘穿的凤冠霞帔原是清代诰命夫人的规定着装，是权势和地位的象征，对平民百姓来说是可望而不可即的，上面布满了珠宝锦绣，雍容而华丽至极，因为民间对权贵向来有仰慕之情，所以逐渐变成豪门闺秀的婚礼服。家境不太宽裕的良家之女成亲时，对婚礼服的规格要求则相对低一些，通常是穿一身大红袄裙，外加大红盖头、绣花鞋作为婚礼服，并用大红花轿抬进婆家门。这对当时平民百姓家的闺女出嫁来说已相当满意了，因为这种红天红地象征着一片吉祥，中国人办喜事图的就是吉利，讲究的就是一个“红”字。

自20世纪20—30年代开始，由于受到西方文化和婚俗的影响，新郎有穿西服结领带的，也有穿长衫同时戴西式礼帽和墨镜的，而新娘则穿婚纱或白绸缎中式旗袍。在50年代，随着政治制度的变化，婚礼服演变为新郎穿蓝色中山装，新娘穿旗袍或红袄裙。到了60年代后期至70年代，随着“文革”的开始和进行，婚礼服也发生了重大的变化，新郎新娘的着装一改常规，都是清一色的蓝制服，时髦一点的则穿绿色军装，真是“革命伉俪多奇志，不爱红装爱武装”。80年代以后，随着改革开放的深入发展，中国传统的婚礼服受到很大的冲击，开始与国外接轨，新郎穿西装或燕尾服，新娘穿婚纱成为时尚和潮流。

2. 外国的婚礼服

由于各国的文化背景和婚俗不同，其婚礼服也有所不同。英国是欧洲一个具有较正规传统的国家，历代英王室的新娘均喜欢让礼服有时代气息，并引导服装潮流。早年王室新娘金装素裹雍容奢华，如维多利亚女王结婚时所穿婚礼服的用料是娴静圣洁的白色高级缎子，衣服镶有橘黄色的花边，据说仅制作饰边，就有200多人足足干了8个多月。但到现代，王室的婚礼服都渐趋朴素端庄，如伊丽莎白女王结婚时穿的婚礼服选用苏格兰出产的缎子为原料，采用开领方式的简单结构，既使人喜爱，又突出了大不列颠的风格。1986年7月23日安德鲁王子与莎拉结婚时，莎拉王妃只穿了一件朴素淡雅的长裙。

美国是一个建国历史不长的发达国家，其婚礼服除沿袭英国传统外，在不少地方，对新娘的婚礼服有一种特殊的要求，即新娘在婚礼上所穿的服装必须具有“新、旧、借、蓝”四个特色。所谓“新”，就是新娘所穿的白色婚礼服必须是新的，标志着新生活从此开始；所谓“旧”，则是指新娘头上戴的白纱必须是旧的，而且是母亲用过的旧纱，表示永不忘父母的养育之恩；“借”则是指新娘手中拿的白手帕必须是从女友那里借来的，寓意是不忘朋友的情谊；至于“蓝”，则是指新娘身上披的绸带必须是蓝色的，象征着新娘对爱情的忠诚永不变。

由于新娘穿的婚纱用途单一，只能在婚礼上穿一次，所以婚后只能存放在箱柜中留作纪念。针对这一情况，国外近年来出现了一种时髦、美观大方、价格便宜的纸质婚纱，新娘穿上显得高贵漂亮，用过一次即可丢弃或保存留作纪念。

3. 婚纱在中国的历史和中国当今的其他婚礼服

婚纱首次进入中国婚礼市场是在20世纪初中国沦为半殖民地后的事。当时由于受到西方文化和婚俗的影响，特别是在口岸城市租界内，新郎新娘纷纷效仿西方国家的习俗，新娘身穿洁白的婚纱（包括白缎长裙、透明的面纱和橘黄色的头花）。白缎长裙在款式上一般遵从西方习俗，腰部以上为紧身，为了表现新娘的圣洁感，肩部和胸部都不外露，立领，长袖或短袖配长手套，下面为蓬松的纱裙；头纱则采用网眼薄纱，后面长可拖到地上数米，也有短的只及背部。在色彩上，包括手套和鞋子在内的整套婚纱，初婚采用白色，以表示新婚纯洁无瑕。

至20世纪80年代初，婚纱再次成为我国新娘的婚礼服，但一开始并不是出现在婚礼上，而是在照相馆里。此时的婚纱只出现在照相馆里修饰得美轮美奂的结婚照上，它似乎代表着人们一个遥远的梦幻。不过仅时隔数载，这个美丽的梦幻便成为现实，婚纱翩然走进了平常人家的新房，时装设计师们把婚纱设计成各种时髦款式，成为新娘们演绎时装文化的一方天地。现代人的穿衣哲学受到现代理念与文化的影响，对舶来品当然也不会按其习俗一一照搬。虽然新娘们大多仍是穿用白色婚纱，但实际上现代婚纱也有各种华丽鲜艳的色彩，中国人对红色的偏爱仍未改变，橘黄色的花不戴了，取而代之的是将象征爱情绵绵的红玫瑰插在头上。

在婚礼上，新娘除了穿着婚纱外，也有穿着西式套装的，风格有点类似于西方的午后套装，面料大多选用较为柔软的呢绒，长袖，裙子稍长，常用刺绣、亮片等装饰品来点缀，颜色一般采用传统的喜庆大红。这种新潮的中西合璧礼服于20世纪80年代后期逐渐在婚礼上登台亮相，也有些时髦的新娘在新婚典礼结束后将婚纱换成西式套装。

即使在婚纱较为流行的今天，旗袍仍为少数新娘喜爱而被作为婚礼服，良家妇女的端庄婉约尽在一袭大红丝绒旗袍中。随着忽强忽弱的怀旧情绪从时装延伸到今天的婚礼服，旗袍也成了一些俏丽佳人婚礼服的时尚。

另外，中国是一个多民族的国家，少数民族地区对婚礼服的要求与汉族是不同的。例如，瑶族姑娘结婚时，在婚礼服上有许多装饰：在裤脚上的花边是一只只栩栩如生的开屏孔雀，象征着姑娘体洁无瑕，心灵美好；衣边上一对对在水中游弋的鱼儿，象征着夫妻恩爱，百年偕老；衣裙上镶嵌着三十六朵梅花，象征着“三十六计，和为上计”，表示家庭和睦。

4. 婚纱的款式

当今，我国较为流行的婚纱款式大致可分为传统式、现代式和浪漫式三种。

传统式婚纱又称为维多利亚婚纱或欧式婚纱，其特点是高领、身段修长，并采用大量的花边、珍珠或胸花点缀等等，适合于颈部修长的新娘穿着，可以更好地展示其端庄而优雅的美姿。

现代式婚纱承袭了当代服装的简洁线条，摒弃了过于花哨的装饰细节，是时下比较流行的款式，深受大多数新娘喜爱。这种婚纱的特点是选用高档质料、优雅而朴素的颜色以及简洁的线条，极富时代感和生活气息，适合于传统而典雅的新娘穿着，可以衬托出新娘高雅的内涵和气质。

浪漫式婚纱则是酷爱时髦和气质高雅的新娘常穿着的婚礼服，常采用纱或绸制作。利用纱的质感，采用轻薄而飘逸、比较透明的面料，层层堆积起来便产生云雾状的视觉效果，身披这种婚纱的新娘宛如一位站在云端的仙女；而绸的质地较厚，光泽艳丽，极富悬垂感，新娘穿上这种由绸制作的婚纱，瞬间变成一位亭亭玉立的窈窕淑女，婀娜多姿而又妩媚动人。

5. 婚礼服款式的选择

对于准新娘来说，选择婚礼服时，除了考虑婚礼服的款式和所使用的材质外，根据自身的体态来选择相匹配的婚礼服是非常重要的。新娘选用婚礼服的原则是：色彩艳丽夺目，装饰效果强烈，格局情调独特，令人过目不忘。在严寒的冬季里，婚礼服应避免臃肿、笨重的视觉感，可选用真丝绸缎为面料的中式便服，再披上一条高雅素淡的毛披肩，可产生古典美和东方情调；在室外可选择色彩艳丽的呢绒外套或薄呢大衣，再搭上一条貂皮披肩或一件裘皮大衣，可使新娘增加一种典雅的贵妇人气派。在温暖的春末、夏季和初秋，选用洁白的婚纱，会使新娘显得雍容华贵，光彩照人。

在选用婚纱时，如果新娘略显丰满，应尽量选用设计简洁的婚纱，以避免过多琐碎的装饰细节给人以压迫的视觉感受。身材娇小的新娘，不宜选用泡泡袖，而应尽量选用中高腰和腰部打褶的婚纱，裙摆也不宜太宽、太长，可加长头纱的长度，这样可使婚纱的整个造型更加飘逸妩媚，使新娘显得修长苗条。身材中等而身段又较好的新娘，宜选用直身、下部呈鱼尾状的婚纱，穿上这种婚纱好似一条美人鱼，令人赏心悦目。身材较高而瘦的新娘，应选择半透明的船领白纱，同时配上泡泡袖以遮掩肩部和锁骨，上身线条可华丽一些，并选取多层次有荷叶与横向褶的设计，可平添几分丰腴圆润的视觉效果。至于四肢较粗壮的新娘，应避免穿露臂或包手臂的款式，如采用宽松的长袖就能掩饰其缺点。而长有两条修长玉腿的新娘穿上迷你裙，可衬托出青春女性的亭亭玉立、婀娜多姿。

新娘的脸型也影响到婚纱领型的选择，如圆脸型新娘适宜穿马蹄领、V字领的婚纱；长脸型新娘宜穿圆领、船形领、一字领的婚纱；方脸型新娘宜穿V字领、船形领、高领的婚纱；三角脸型新娘宜选秀气的小圆领或缀有花边的小翻领，可使脸部显得较为丰腴而匀称。

对于头大而身材娇小的新娘，应避免选用露肩的婚礼服，最好选用垫肩或较夸张的袖型披肩来强化肩部，使整体造型呈倒三角形，可显得婀娜多姿，妩媚动人。

6. 婚纱颜色的选择和搭配

婚纱颜色的选择也大有讲究，其依据除了新娘的肤色之外，新娘的爱好也是重要的因素。中国现代新娘敢于突破沿袭多年的西方婚俗，喜欢标新立异追求新奇，在一生中最靓丽的时刻当然要力争独一无二。

传统的白色婚纱虽然象征纯洁无瑕，但难免显得有些单调。随着人们审美水平的提高，纯白色已逐渐被象牙白、朱白、乳白、香槟色、银色、金色、红色甚至黑色所代替，因为中国人的黄色皮肤配耀眼的纯白色会使肤色显得灰暗，如穿上象牙白、朱白或乳白色婚纱，会使肤色显得白皙。

红色是我国传统的喜庆色彩。肌肤白嫩的新娘，穿上一套大红色的婚纱，上为中式的对襟上衣，下为欧式的拖地长裙，中西珠联璧合，相映生辉，能给人以一种高雅美的感受。

中国人长期以来认为黑色是一种不吉利的色彩。随着文化素养的提高，当今人们的审美观念有了很大的改变，越来越多的年轻人认为黑色是典型的端庄美。新娘在婚礼中穿上一套曲线流畅的黑色婚纱，在闪烁的阳光照耀下会格外显得婀娜多姿而动人，大有鹤立鸡群的感觉。

对于一些活泼时髦的新娘，选择带有色彩点缀的婚纱，可显得气度非凡。如选择青绿色缀花图案的丝质长裙，或是绿色缀有蝴蝶图案的刺绣丝质裙，新娘如此穿着定会风情万种，妩媚动人，使来宾倾倒。

在婚礼上，新娘除了选择合适的婚纱颜色外，还可手拿一束与婚纱相配的鲜花，这样可使婚礼增添许多浪漫色彩和高雅气氛，这已成为当代新娘最为时尚的选择。例如，穿曳地长裙的传统婚纱，可选用椭圆花束或瀑布形的花束与之相匹配，可平添几分浪漫；身着优雅的细长形婚纱，新娘手中可拿几枝白绿相间的马蹄莲，显得气质不凡；苗条的新娘穿上一款上半身纤细而裙摆蓬开的婚纱，手上再拿一束月季花，显得十分得体和婀娜多姿；再如，穿着蓝色的婚礼服再配上同色系的蓝色鲜花将会相得益彰，在新娘的头上再插上几朵黄花，脚上穿一双蓝色高跟鞋，会显得格外艳丽。总之，新娘手中的花束颜色必须与婚纱颜色相配套，才能取得理想的效果；如选配不当，则会显得不协调而失去和谐美。

七、牛仔装

所谓牛仔装（图2-7），是指以牛仔布（坚固呢）为主要面料缝制而成的套装，主要由牛仔夹克衫与牛仔裤或牛仔裙配套组成。此外，还有牛仔衬衫、牛仔背心、牛仔帽、牛仔泳装、牛仔靴等配套品种。

图2-7　牛仔装

回顾牛仔装的发展历史，它是在牛仔裤的基础上逐步发展起来的。牛仔裤是一种男女均可穿用的紧身便装，据说世界上第一条牛仔裤出现在19世纪50年代美国拓荒时期，由来自德国的李维·史特劳斯（Levi Strauss）用帆布仿照得克萨斯牧童的浅裆紧身裤制成，后来逐渐演变成现在的款式。

牛仔裤20世纪30年代才开始流行，并以美国西部牛仔的名字命名。其款式为前身开门，两侧有弧形切开式斜插袋，后背育克和两个贴袋，在前后袋口两角铆有铜铆钉，右后袋上方铆有金属或皮塑商标，门襟采用拉链拉合。臀部和裤管窄小，缝工精细坚牢，缉线绽露，外观具有美洲乡土风味，被称为“牛仔风貌”。60年代，美国和西欧一些国家在牛仔裤的基础上发展生产牛仔装，相继出现了牛仔夹克衫、牛仔裙等配套产品。我国于80年代开始流行牛仔裤，并逐渐向牛仔装发展，先后在广州、上海、天津等城市建立专门生产牛仔装的工厂。

牛仔装大多以牛仔布（又称劳动布、坚固呢）为面料。牛仔布是一种坚固耐磨的单纱斜纹色织棉布，以粗特（支）纱织成，多用转杯纺纱（气流纺纱）作为原料，主要采用三上一下斜纹，也有的采用平纹、二上一下斜纹、破斜纹、复合斜纹或小提花组织织制。按重量可分为轻型和重型两种。除纯棉面料外，现已开发出涤棉牛仔布、弹力牛仔布、毛涤牛仔布、真丝牛仔布等。在织造方面，已开发出条格、提花、电子机绣、嵌金银丝等品种。牛仔布的颜色已由传统的靛蓝色拓展出浅蓝色、白色、煤黑色、铁锈色、孔雀绿色、杏黄色等多种颜色以及双色、印花等，但仍以靛蓝色最为流行。

牛仔装的款式除传统的紧身式外，还有宽松式。款式变化很快，现已从保守走向夸张，装饰手法繁多，有钉珠、贴皮、花边、喷色、补丁、拼接、破洞等多种变化。牛仔裤男女款式相同。牛仔背心和牛仔短裤在底摆和裤腰处配用针织面料。牛仔裙有超短裙、筒裙等款式。儿童牛仔装还饰以彩色动物、卡通等图案。传统型牛仔装比较强调配件和饰物的应用，如牛仔腰带、牛仔领带、子弹袋、套马绳等，而运动型牛仔装则注重简练、明快，不披挂附件，穿着后便于运动。

在制作工艺上，牛仔装通常使用橘黄色粗线缝制，内缝线为链式结构套结缉缝，门襟用粗牙拉链，裤袋缝口处用金属铆钉铆合。将缝好的成衣与一定数量的浮石放入石磨水洗机中，通过成衣与浮石反复摩擦，使其表面产生一种"褪色磨毛"的效果，可使坚硬的牛仔布料变得柔软，通称石磨蓝。此外，还有酸洗和雪花洗等工艺，可使面料上产生美丽的色斑。

八、旗袍

图2-8　旗袍

旗袍（图2-8）是我国特有的一种传统女装，是袍子的一种，富有浓郁的民族韵味。追根溯源，旗袍始于清代，清太祖努尔哈赤领军南征北战，统一了关外女真族各部，设立了红、蓝、黄、白四正旗，清军入关后又增添镶黄、镶红、镶蓝、镶白四镶旗，以此来区分、统驭所属军民，这就是后来人们所称的满族八旗人或旗人，称为“八旗”。八旗所属臣民的妇女习惯穿长袍，是满族妇女的民族服装，后慢慢演变为中华民族女性的常服。在“袍”前加一“旗”字，说明了这一服装的来源。

旗袍是清宫相沿袭的服制，经过多次的改进而演变成今天的各种款式，大多是直领，右开大襟，紧腰身，衣长至膝下，两侧开衩，并有长短袖之分。袖端及衣襟、衣裙上还要镶嵌各种不同花纹色彩的镶边、绲边等配衬，非常讲究。自清皇室逊位后，旗袍开始由宫廷传入民间，首先是北京、天津一带的妇女竞相穿着，后来逐渐也在南方妇女中流行。最初的旗袍下摆不过脚，只有作为姑娘出嫁时穿的婚礼服才过脚。由于贵族女子和宫廷里的嫔妃都穿鞋底中间高三寸多的呈喇叭形的高底鞋，所以她们穿的旗袍也过脚，以掩住脚而不让人看见。旗袍以其秀美和温文尔雅，给人以修长挺拔、娴静庄重的观感。

1. 早年的旗袍

在清末至辛亥革命期间，一般满族旗女穿的旗袍式样十分保守，其特点是腰身宽松、平直，袖长至腕，衣长至踝，而所选用的衣料大都是绣花红缎，在旗袍的领、襟、袖的边沿部位都采用宽图案花边镶绲，称为长马甲式旗袍。

在20世纪20年代，旗袍开始普及，并逐步演变形成淑女型旗袍。其特点是腰身宽松，袖口宽大，袖长及臂腕以下10厘米，身长适中覆小腿肚，开衩及中便于行走。不久，又受到欧美服饰的影响，袖口缩小，绲边改窄，衣长仅过膝，比以前更称身合体了。1929年，当时的国民政府颁布服制的条例，规定旗袍为“齐领，前襟右掩，长至膝与踝中点，与裤下端齐，袖长至肘与手脉中点，色蓝，纽扣六”，这是典型的旗袍式样。

到了20世纪30年代，旗袍在全国已经盛行。当时的式样变化主要集中在领、袖及长度等方面。先是流行高领，领子越高越时髦，即使是酷暑难熬的盛夏，在薄如蝉翼的旗袍上，也

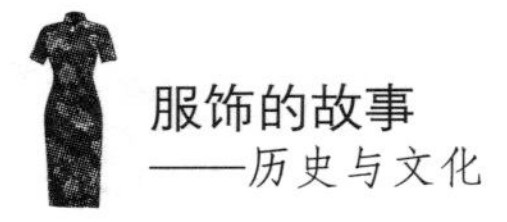

配以高耸及耳的硬领；不久又盛行低领，领子越低越摩登，即使是在寒冬之日，亦仅缀一道狭边。袖子也是如此，时而兴长，长过手腕；时而又兴短，短至露肘。同时，衣长的变化也是一个时期流行长，长到下摆曳地数寸；一个时期又兴短，短者下不过膝盖。两边的衩开得很高，里面衬马甲，腰身变得很窄，称身贴体，能充分显示女性的曲线美。至30年代末期，由于受到欧美国家长裙渐盛的影响，旗袍又盛行加长，长及脚面，而开衩却提高到大腿，腰身紧缩，以达到显示女性身段修长的目的。

到了20世纪40年代，旗袍的款式又有重大变化，袍身再度缩短，下摆缩至小腿肚高，袖子缩短至肩下5～8厘米，甚至全部取消，同时领高减低，省去了烦琐的装饰，使旗袍更加简洁、轻便和得体，标志着以充分显示女性风姿风韵为主旋律的流线型旗袍时代的开始。

2. 现在的旗袍

近些年来，旗袍款式又有了新的改革。结合西装的裁剪方法，出现了衣片前后分离，有肩缝、垫肩、装袖、前片开刀、后片打折、突出乳房造型等剪裁技巧，出现了众多的款式，使旗袍更能烘托出女性体态的曲线美，其造型更加端庄秀丽，线条益趋流畅、匀称、健美。例如，适宜于青年妇女穿的有前胸缉塔克（tuck，即褶子）短袖旗袍、鸡心领旗袍、露臂式旗袍、女式三角西服领短袖长旗袍、小方反领短袖长旗袍、小露肩方形领短袖长旗袍、扣边圆形领短袖长旗袍等；适宜于中年妇女穿的旗袍有中（短）袖旗袍、仿古旗袍等；中青年妇女皆适宜的旗袍有方驳领短袖旗袍、对门襟长旗袍、尖角驳领短袖长旗袍等；适宜于孕妇穿着或作为家庭便服的有长方领旗袍。这些旗袍既简约无比，又风情各异，传递出魅人的风情。

旗袍面料的选择很有讲究，使用不同质地的面料做成的旗袍其风格和韵味是截然不同的。深色的高级丝绒或羊绒面料做成的旗袍能显示雍容雅致的气质，采用织锦缎制作的旗袍透露出典雅迷人的东方情调，用优质丝绸缝制的旗袍则有大家闺秀温文尔雅的韵味。作为礼服和节日服的旗袍，其面料与色泽要求艳丽而不轻浮，漂亮而不失庄重，给人以典雅、名贵、高级之感。

随着改革开放的深入和对外交流的进一步加强，在旗袍的结构上也发生了一些明显的变化。如深受国内外青年妇女喜爱的袒胸露背式旗袍，其结构是在直领前下方开成心形或滴水式前窗，乳沟隐约可见，背后自领、肩至腰身开成纺锤形背洞，就整体造型而言，仍不失旗袍的风采，但融合了西式性感，中青年妇女穿上这种款式的旗袍，无论是在庄重的社交场合，还是在演出舞台上，更加显得妩媚和婀娜多姿，给人一种美的享受。又如双臂全露的无袖式旗袍，使穿着者更显得苗条修长，挺拔而富有青春活力。还有紧贴手臂的短袖式、中袖式、无袖式旗袍，都能充分衬托出穿着者的丰满英姿，线条优美而又不失庄重，深受青少年妇女的钟爱。旗袍下摆的开衩，也由古典的及膝高提高到大腿根部，这种旗袍不仅使穿着者行动方便，便于脚的踢抬和跑跳，而且也增加了旗袍的悬垂性和摇曳的动感，还能充分显示女性的体态美。

3. 旗袍的优点和局限

旗袍的设计构思甚为巧妙，结构十分严谨，造型质朴而大方，线条简练而优美。旗袍自上至下由整块衣料裁剪而成，各部位的衣料没有重叠之处，整件旗袍上没有不必要的带、绊、袋等装饰，而且较贴身，所以能充分表现妇女的形态，显示女性人体曲线的自然美。下摆开衩，不仅行走方便，而且行走时给人以轻快、活泼之感。紧扣的高领，使人感到雅致、庄重；低领或无领也不失庄重，给人以随和和活泼之感。当今的旗袍还融合了各式时装的领式，已发展出高立领、短立领、无立领、大小翻领等。除了正常的镶边、绲边装饰以外，更多的是采用胸花贴绣装饰，而前后身下摆则使用独枝印花、手绘装饰，使旗袍更趋雍容、华贵、典雅。旗袍还能自然地与各种发式、帽子、头巾、项链、项圈、披肩、套衫、外套、大衣等相匹配，都能烘托出自然和谐的观感。因此，旗袍不仅深受我国各族妇女的青睐，而且国外的妇女也竞相穿用，就连国外的服装设计师也时常把旗袍作为时装在他们的展示会上发布。

旗袍优点甚多，理应广被寰宇，但由于其制作必须度身缝制，所以服装厂无法大量制售；同时，缝制一件合身适体的旗袍费时较多，手工费较贵，这都在一定程度上影响了它的推广和普及。

九、裙子

裙子（图2-9）是指围穿于人之下身的服装，多为女子着装。广义的裙子还包括连衣裙、衬裙和腰裙。因其通风散热性能好、穿着方便、行动自如、美观大方、样式变化多端等诸多优点而为人们所广泛接受，其中以女性和儿童穿着较多。

图2-9　裙子

1. 裙子的由来

据历史资料，裙子的最初雏形出现在上古时代，当时世界各地包括我国很多地方的人都在穿用，如原始人穿的草裙、树叶裙、兽皮裙，古埃及人穿的用麻布制作的透明筒状裙，古希腊人穿的褶裙，克里特岛人穿的钟形裙，两河流域苏美尔人穿的羊毛围裙，古印度雅利安人穿的纱丽裙。

接近现代样式的裙子，世界各地出现时间不一。以我国为例，先秦时期，男女通用上衣下裳的“深衣”。所谓“深衣”是将上衣与下裳连接在一起，类似于现代的连衣裙，当然两者还是有区别的。汉代时“深衣”逐渐演变成裙子，在长沙马王堆汉墓中曾发现完整的裙子实物，它是用4幅素绢拼制而成的，上窄下宽，呈梯形，裙腰也用素绢为之，裙腰的两端分别延长一截以便系结，整条裙子不用任何纹饰，也没“皱褶”，称为“无缘裙”（沿边的装饰称为“缘”）。大概在西汉末年，裙子上出现了“皱褶”。说起这种裙子，还有一个典故：传说汉成帝的皇后赵飞燕在太液池畔翩翩起舞时，由于风大，加上赵飞燕瘦弱轻盈，风便把她吹了起来，汉成帝急快让侍从拉住赵飞燕，她这才没有被风吹走，但裙子却被扯出许多皱褶，不过非常好看，于是宫女们竞相效仿，制成了当时流行的“留仙裙”。在中国历史上，赵飞燕以美貌著称，并因舞姿轻盈如燕飞凤舞而得名“飞燕”，所谓“环肥燕瘦”讲的便是杨玉环和赵飞燕，而燕瘦也常用来形容体态轻盈瘦弱的美女。

魏晋南北朝时期，直襟式长裙开始时兴，有单裙（衬裙）和复裙（外裙）之分，见于文献的有绛色纱复裙、丹碧纱纹双裙、紫碧纱纹双裙、丹纱杯纹罗裙等名目。成语“裙屐少年”一词就出现在这个时期，可见裙子为当时男女常见装束。

隋唐时期，裙子更加风行，有的裙子增加了裙幅，使裙子更加蓬然丰满。全唐诗中描写裙子和穿裙子的风姿的诗作有三百多篇，如王昌龄《采莲曲》中的“荷叶罗裙一色裁”，比喻罗裙和荷叶一般青翠；白居易《小曲新词》中的“红裙明月夜”，比喻月色和裙色相映生辉；杜审言《戏赠赵使君美人》中的“红粉青娥映楚云，桃花马上石榴裙”，说马背上的美女穿着石榴裙。据传杨贵妃最爱穿石榴裙，俗语“拜倒在石榴裙下”就来自于她与唐玄宗的轶事。唐代以后，裙子的品种更加繁多，款式也是多姿多彩。

综观历史，比较有名的裙子有夹缬花罗裙、单丝花笼裙、石榴裙、翠霞裙、隐花裙、百鸟翎裙、双蝶裙、郁金裙、月华裙、凤尾裙、弹墨裙、鱼鳞百褶裙、彩绣马面裙等。

到了近代，西式裙传入我国，成为人们日常穿着的重要服装，并逐渐取代了以前传统的裙子。20世纪50—60年代，受苏联影响，流行布拉吉连衣裙。“文革”期间，裙装受到严格限制。改革开放后，裙装重新流行，超短裙、吊带裙等纷纷传入我国内地，裙子的种类日渐增多。

2. 裙子的种类

现在世界各地的裙子种类和款式很多，一般都由裙腰和裙体两部分构成，但有的裙子只有裙体而无裙腰。如果对不同类型的裙子进行细化分类，通常有七种方法：① 按面料分，有呢裙、绸裙、布裙和皮裙；② 按裙长分，可分为长裙（及踝）、超长裙（拖地）、中长裙（裙摆至膝以下及腿肚）、短裙（裙摆至膝盖以上）、超短裙（含特短裤、热短裙，又称迷你裙，裙摆仅及大腿中部以上）；③ 按裙腰在腰节线的位置不同分，可分为高腰裙、齐腰裙(中腰裙)、低腰裙和装腰裙;④按款型分,有窄裙、筒裙(统裙)、蓬裙、宽幅裙、圆裙、半圆裙、扇形裙、分层裙、两节裙、三节裙、多节裙、四片裙、马面裙、多片裙、百裥裙(百褶裙)、喇叭裙、A字裙、裤裙、细裥裙、折褶裙、阴扑裥裙、偏襟裙、镶嵌裙、花边缀裙、分割式裙、无腰裙、连腰裙、背带裙、西装裙、旗袍裙、定型裙等;⑤按构成层数分,有单裙和夹裙;⑥按裙体外形轮廓分,有筒裙、斜裙和缠绕裙;⑦按造型风格分,有古典式(裙身直长或稍微扩展,2~6片结构,用料紧密、严谨,色调沉稳,外观端庄)、运动式(全毛或毛混纺面料的各种褶饰裙,牛仔布、棉布制作的开门襟,上下装拉链或缀纽扣)、梦幻式(结构较复杂,款式华丽,装饰多样,如低腰裙、塔裙、花瓣裙、手帕摆缘裙等)、民族式(源于裹裙、纱笼裙,结构较简单,着装别具情趣,可作为浴场装和新潮夏装)。

虽然分类方法很多,但是就其实质而言,裙子的类型可归纳为统裙、斜裙和连衣裙三大类。

(1)统裙:又称筒裙、直裙、直筒裙,是指从裙腰开始自然垂落的筒状或管状裙,裙腰可有小褶,整个裙身无褶,显得平坦、秀气,再配以优质衣料,优美而不失庄重,秀丽而不庸俗。其特点是纤巧秀丽,简洁轻盈。常见的款式有旗袍裙、西装裙、夹克裙和围裹裙等。

(2)斜裙:是指由腰部至下摆斜向展开呈A字形的裙子。

大多采用棉布、丝绸、薄呢料和化纤织物等裁制。按照裙型的构成可分为单片斜裙和多片斜裙两类。前者又称圆台裙，是在一块幅宽与长度等同的面料中央挖剪出腰围洞的裙，多采用软薄的面料裁制。后者是由两片以上的扇形面料纵向拼接构成，通常以片数来命名，有两片斜裙、四片斜裙、十六片斜裙等。常见的品种有钟形裙、喇叭裙、超短裙、褶裙和节裙。

（3）连衣裙：又称连衫裙、连裙装，是指上衣和裙子连为一体的服装，款式变化万千，自古以来就是最常用的服装之一。中国古代衣裳相连的深衣，古埃及、古希腊及两河流域的束腰衣，都具有连衣裙的基本形制，男女均可穿着，仅在采用的面料和装饰上有所区别。

在时下的女装、时装中，连衣裙是非常重要的品种之一，被誉为“时尚皇后”。它变化莫测，种类繁多，是深受女性青睐的款式，具有整体形态感强、造型灵活、展现女性优美身姿、夏季穿着凉爽、方便舒适、用料省、适用不同服用要求的特点，城市和农村的老、中、青、少年妇女都可穿用。

连衣裙款式多样，品种十分繁多，常见的有直身裙、A 字裙、露背裙、礼服裙、公主裙、迷你裙、雪纺连衣裙、吊带连衣裙、牛仔连衣裙、蕾丝连衣裙等。一般按下述几种方法进行分类：①按季节分，有春、夏、秋、冬四类；②按裁剪方法分，有连腰节和断腰节两类，前者腰围无须缝合，又可分为标准型、宽松型、束腰型和管状型，后者是上下分别裁剪再缝合，能产生丰富多彩的服饰效应；③按开门形式分，有开襟式、套襟式和反穿式（后背开门）；④按裙的长短分，有短裙式、中长式、长裙式和曳地式；⑤按袖子的长短分，有长袖、中袖和短袖；⑥按身形分，有紧身型、直身型和宽松型；⑦按腰身位置分，有高腰式、中腰式和低腰式；⑧按穿用场合分，有日常型和礼服型两大类，细分可分为家居用（以棉麻织物为面料，供做家务及休息时用）、上班用（如衬衫形式连衣裙，以质朴、端庄、适度装饰见长）、外出用（以上班用连衣裙配搭饰品派生而来，可上剧院、做客或观展）、夜晚聚会用（选料高档，突出性感，款式变化多，有吊带式、背心式、露背式、镂空式，并配搭附件饰物，尤显雍容华贵）、迪斯科舞会用（款式和用料前卫，娱乐性强，特别适宜于时髦青年女性穿着）。

3. 裙撑

裙撑是指妇女们为使裙子鼓起来而使用的支撑裙。据史料记载，裙撑是16世纪后半期在西班牙发明的带有骨轮的贴身内衣。初期的形状呈吊钟式圆锥形，是在布里缝入几层鲸鱼骨轮或藤轮而制成的。在裙撑外再套上裙子，这样就可以使裙子变成固定的形状，这种裙撑很快便传遍了整个欧洲。大约过了20年，法国在此基础上又发明了新式裙撑，呈轮形，使裙子在腰间放射突出后再垂下。此一新式裙撑一出现，马上又风行欧洲，尤其是在英国最为流行。

到了18世纪，奢侈豪华的法国宫廷中出现了“母鸡笼”女裙，这种裙子的构造十分复杂，内部由鲸鱼骨、藤、钢条等制成裙环，把女裙的下摆展宽为“母鸡笼”的形式。到1725年，底部最宽达6米，而上部也有3米之多。到了18世纪末，被路易十六的皇后安东尼特所摒弃。后来，逐渐以长裙取代，有的拖曳在地，有的在腰部以下开襟，并在下摆处饰以荷叶边。

现代的裙撑最早出现于1846年，它是用法国人乌迪诺（Oudinot）在1830年为使军人的领带挺直而发明的马鬃织物做成的。但是这种织物价格昂贵，而且由于衬裙的尺寸不断增加，很快就出现了用鲸鱼骨和弹性金属圈做成的鸟笼式支架裙撑。在裙撑的各种革新中，最著名的是法国人塔韦尼埃（Tavernier）于1856年发明的“钢骨衬架”和汤姆森（Thomson）于同一时期发明的“笼式美国衬架”。

4. 裙子面料和颜色的选择

用于裙子的面料品种很多，如呢绒、丝绸、棉布及混纺织物、羊皮等。在选择面料时，应考虑下半身的动作、裙子款式、穿着季节和穿着场合以及穿裙者的年龄与职业等。面料的颜色也是选择的一个重要因素。同时，还应考虑如何与上装组合配套协调。比如，盛夏季节穿的裙子以采用全棉细布、府绸、涤棉细布、丝绸为宜。夏季的裙料不宜过薄，过薄的裙料应配衬裙。一般而言，深色的裙子显得整洁，即使脏了也不显眼，适宜于不同年龄的女性穿着，而白色或浅色的裙子则会使年轻的姑娘显得更漂亮。性格活泼的青年女性宜选用色泽艳丽的印花面料，而性格恬静的青年妇女则宜选用白色或浅色面料。中老年女性宜选用花型素雅的印花面料或深杂色面料。白色衬衫应配深色的裙子。

十、工艺装饰服装

工艺装饰服装（图2-10）是指采用特殊技艺加工的有一定装饰性的服装，俗称工艺服装。一般是在普通服装上施加这些特殊工艺，使服装更加漂亮，赋予艺术性，增加观赏性，提高服装档次和附加值，以满足人们的特殊需要。工艺装饰服装通常分为刺绣装饰服装、编结装饰服装、印染装饰服装和手绘装饰服装等。

图2-10　工艺装饰服装

1. 刺绣装饰服装

刺绣装饰服装是指采用中国传统的刺绣工艺装饰的服装。所谓刺绣，俗称绣花，是指用针引彩线，按设计图案和色彩，在服装上刺缀运针，以缝迹构成花纹。由于刺绣在艺术表现上不受衣料和服装结构的限制，所以构图和风格显得生动流畅，惟妙惟肖。

早在我国商代就有刺绣装饰服装，其时冕服上绣日、月、星辰、群山、龙、华虫、宗彝、藻、火、粉米、黼、黻等通称“十二章”的纹样已成定式。春秋战国以后，各种针法都已成熟，刺绣装饰服装日趋考究。唐朝是刺绣发展的一个高峰时期，宋代以后，刺绣装饰服装发展很快，除了满足国内需要以外，还远销海外一些国家。明清是刺绣发展的鼎盛时期，其时宫廷绣作和民间绣坊的规模和数量均有所增加，众多的城乡妇女也把刺绣作为必学的技能之一，而且形成了各具特色的地方体系，现被称为“四大名绣”的苏绣、湘绣、蜀绣、粤绣，就是在这个时期先后出现的。近代中国，许多地方出现了民间传统的家庭手工业作坊，制作具有独特风格的刺绣装饰服装。

刺绣装饰服装主要包括丝线绣装饰服装、金银丝绣装饰服装和珠绣装饰服装等。其中丝线绣装饰服装历史最为悠久，最早出现在我国，至迟从17世纪开始大量传入欧美一些国家，成为节日、婚礼、舞会等场合中最时髦的服装之一。金银丝绣装饰服装最早也是出现在我国，迄今能看到的最早实物的年代为汉代，而欧洲直到14世纪才成功地制造出金银丝（仿金银的丝）。我国从周代开始就有了珠绣装饰服装，至宋代珠绣装饰服装已成为皇室女常服。到了19世纪，意大利人制造出具有红宝石效果的珊瑚刺绣装饰服装。美洲印第安人的玻璃刺绣装饰服装也曾著称于世。近代以来，珠绣装饰服装发展很快，常被作为礼服和时装，并多采用彩色玻璃、小金属片、贝壳、电镀塑料彩片代替珠宝玉石。自20世纪以来，我国许多地方出现了民间传统的家庭手工业，制作具有独特风格的刺绣装饰服装，如福建、广东等省生产的珠绣晚礼服、腰带、拖鞋、提包等大量出口。

2. 编结装饰服装

编结装饰服装是指使用一根或多根纱（线）以相互串套的形式编结而成的工艺装饰服装。传统的编结装饰服装是用手工编结而成，现在逐渐以机器编结代替手工编结，并可通过计算机编制程序设计出各种图案和花型。编结装饰服装的主要品种有棒针编结服装和钩针编结服装。

棒针编结服装起源于欧洲。在中世纪，英国爱尔兰的戈尔韦海湾外阿兰岛和意大利马尔凯地区的海港城市安科纳的渔民用棒针编织出类似于渔网结构的毛线衣，并逐渐成为渔民们的服装。到了17世纪，这种服装便成为欧洲人的冬装。19世纪在英国开始广泛流行。1940年，美国好莱坞女影星穿着编结的毛线衣，以突出形体美，许多女青年纷纷效仿。1945年后，棒针编结服装已发展出外衣、晚礼服、披肩、帽子、围巾、手套等系列产品。

钩针编结服装大约在14世纪的欧洲兴起，其中以法国、英国最为著名。在16世纪，贵族们已穿着钩针编结的长筒袜。到了19世纪初，法国妇女用钩针编结模仿意大利威尼斯花边图案的服饰件，不久流传到英国，受到维多利亚女王和贵妇们的喜爱。1840年，爱尔兰的农妇们从事钩针编结手工艺，产品流传到欧洲各国。

3. 印染装饰服装

印染装饰服装是指采用扎染和蜡染等特殊工艺加工装饰的服装。

扎染古称扎缬、绞缬、夹缬和染缬，是我国民间传统而独特的染色工艺，在1 500年前的唐代宫廷已广泛使用，当时是在织物上局部运用线绳扎结成绺或将织物的局部扎结在某种物体上，然后再用各种浸染技艺染成花纹。宋末元初胡三省所撰的《资治通鉴音注》中较详细地描述了古代扎染的生产过程："撮采以线结之，而后染色，既染，则解其结，凡结处皆原色，余则入染矣，其色斑斓。"扎染工艺分为扎结（后来不仅限于扎结）和染色两步，它是采用纱、线、绳等工具，对织物采用扎、缝、缚、缀、夹等多种方法单独或组合处理后进行染色，染料是用板蓝根及其他天然植物制成的色浆。由于染料不易透入被扎结的部位而在织物上形成各种花纹，自然、美观、大方、典雅，具有极强的装饰性。用扎染的面料缝制的服装具有独特的色晕和放射效果，是我国传统的民间工艺装饰服装之一。其中，江苏南通的扎染服装较为著名。

蜡染是以蜡为防染剂的防染方法，我国古称蜡缬。约始于汉代，盛行于唐代，是我国传统的民间印染工艺之一。图案部位以蜡遮盖，然后对织物进行染色，有蜡的地方不吸收染料，染色后采用适当的方法除蜡，可重复多次以获得多色彩花纹。花纹风格独特，富有乡土气息，有的简单质朴，有的精细别致，古色古香而又非常典雅。蜡染可产生独特的冰纹（由于蜡会自然产生裂纹），装饰性强，具有鲜明的民族特点和风格。现在，我国西南地区的苗族、布依族、瑶族、仡佬族等少数民族还很流行蜡染服装。其中，贵州省安顺的蜡染服装在国际上享有盛誉。

4. 手绘装饰服装

手绘装饰服装是指采用绘画艺术手法加以装饰的服装。这是一门古老的装饰艺术，我国上古时期就已有画在车舆、衣冠上的绘画作品，作为某种标识。后来，古人借鉴刺绣衣裳的美化效果，纷纷将细致的绣花版样描绘在服装上，或将名家的画稿描摹在服装上，成为手绘装饰服装。近代以来，一些画匠在裙、袄、旗袍等女装上作画，使绘画艺术与服装工艺融为一体，大大提高了服装的艺术性和观赏性。在20世纪30年代，曾有著名画家将作品画在旗袍上，这种手绘旗袍风格高雅，雍容华贵，被视为珍品。如今，绘画艺术再度被用于装饰服装，成为服装市场上的一道亮丽的风景线，受到青年人的喜爱。

十一、大衣

大衣（图2-11）指衣长过臀的、春季和秋冬季正式外出时穿着的防寒服装。广义的大衣也包括风衣和雨衣。

图2-11　大衣

1. 大衣的由来

在中国古代，“大衣”这个服装类型很早就已出现，但从文献记载来看，多指正装的长衣和妇女的礼服，与今天我们熟悉的“大衣”类型有些差距。例如，宋代高承《事物纪原·衣裘带服·大衣》记载：“商周之代，内外命妇服诸翟。唐则裙襦大袖为礼衣。开元中，妇见舅姑，戴步摇，插翠钗，今大衣之制，盖起于此。”据明代陶宗仪所著《辍耕录·贤孝》记载：“国朝妇人礼服，鞑靼曰袍，汉人曰团衫，南人曰大衣，无贵贱皆如之。”

现在男女广泛穿用的大衣类型是由15世纪西方的宽袖、无扣襟的骑马装逐步演变而来的。大约在1730年，欧洲上层社会出现男式大衣，其款式一般是在腰部横向剪接，腰围合体，当时称此款服装为礼服大衣或长大衣。至19世纪20年代，大衣已成为人们的日常生活服装，其款式为衣长至膝盖略下，大翻领，收腰式，有单排纽和双排纽两种。到了1860年，大衣的长度又缩短至齐膝盖，腰部无接缝，翻领也缩小，并在衣领处缀以丝绒或毛皮，以贴袋为主，大多采用粗纺呢绒面料制作。女式大衣约出现于19世纪末，是在女式羊毛长外衣的基础上发展而成，其款式衣身较长，大翻领，收腰式，大多采用天鹅绒作为面料。西式大衣约于19世纪中期与西装同期传入中国，从此在我国出现一种套穿于长袍之外，衣长及脚背的长大衣，因其面料一般采用马裤呢，故也称马裤呢大衣。这类大衣在20世纪30年代前后曾流行一时。

2. 大衣的款式和种类

现代大衣的款式主要有单排扣和双排扣两种。衣片采用1/3结构（男式）或1/4结构（女式）。领子有驳领和关门领两类，驳领又分枪驳领、平驳角领、连驳领，关门领则采用立领或登领。左右两个大袋（有的还在左上方加一小袋），袋型有贴袋、嵌线袋、插袋和摆缝袋等。袖子有装袖、连袖、插肩袖（套裤袖）等。叠门的开法是，男式大衣为左叠门，女式大衣为右叠门。现代男式大衣大多为直形的宽腰式，款式主要在领、袖、门襟、袋等部位进行变化。女式大衣一般随流行趋势而不断变化式样，无固定的格局。例如，有的采用多块布片组合成衣身，有的下摆呈波浪式，有的还配以腰带等附件。

大衣有多种分类方法。① 按衣身长度分，有长大衣、中大衣和短大衣，长度至膝盖以下，约占人体总高度5/8加7厘米为长大衣；长度至膝盖或膝盖略上，约占人体总高度1/2加10厘米为中大衣；长度至臀围或臀围略下，约占人体总高度1/2为短大衣。② 按构成层数分，有单大衣、夹大衣、棉大衣和羽绒大衣。③ 按材料分，有呢绒大衣、羊绒大衣、驼绒大衣、棉布大衣、皮革大衣、裘皮大衣和羽绒大衣等。④ 按制作工艺分，有单大衣、夹大衣、双面大衣、毛皮饰边大衣和多功能大衣等。⑤ 按穿着季节分，有春秋大衣和冬大衣。⑥ 按造型分，有箱形大衣、合身大衣、宽摆大衣和收摆大衣。⑦ 按设计风格分，有城市大衣、旅行大衣、运动大衣、派克大衣和战壕大衣等。⑧ 按用途分，有礼服大衣、晴雨大衣、工作大衣、军用大衣和连帽风雪大衣等。⑨ 按穿着者性别分，有男式大衣和女式大衣。

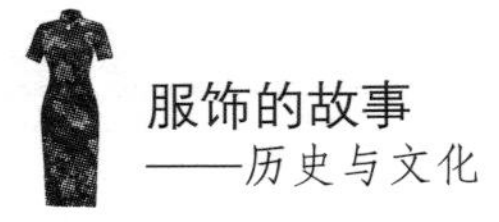

3. 大衣的面料

男式大衣使用的面料较为广泛。①双排扣棉短大衣多选用棉华达呢、卡其、涤棉华达呢、涤棉卡其、中长纤维华达呢等；双排扣棉长大衣面料基本上同双排扣棉短大衣，多用棉及其与化纤混纺织物，或纯化纤仿毛织物，如黏锦华达呢、纯涤巧克丁等。②双排扣呢绒短大衣多选用比较厚暖的粗纺呢绒，如雪花大衣呢、平厚大衣呢、立绒大衣呢、长顺毛大衣呢、拷花大衣呢、银枪大衣呢以及各种花式大衣呢等，也用较厚的制服呢、粗服呢、劳动呢、海军呢；呢料西服领短大衣面料同双排扣呢绒短大衣。③暗扣倒关领大衣大多选用精纺或粗纺呢绒，精纺呢绒如精纺华达呢、缎背华达呢、驼丝锦、巧克丁、马裤呢、贡呢等，粗纺呢绒如麦尔登、海军呢、劳动呢、制服呢、平厚大衣呢、雪花大衣呢等；插肩袖大衣一般采用精纺或粗纺呢绒缝制，其面料同暗扣倒关领大衣。④拉链短风雪大衣多选用纯棉卡其、灯芯绒、色织华达呢、卡其、牛仔布等。

女式大衣可分为普通型和时装型两类。普通型女大衣主要用粗纺呢绒，如麦尔登、法兰绒、海军呢、粗纺花呢、女式呢、平厚大衣呢、雪花大衣呢、立绒大衣呢、牦牛绒大衣呢等；时装型女大衣多选用平素深色的麦尔登、海军呢、驼丝锦等，也有采用绸缎为面料加以绣花、贴花缝制的。

十二、风衣

风衣（图2-12）是一种防风雨的薄型大衣，又称风雨衣，是一种既可用于防风挡雨，又可用于防尘御寒、保护服装的薄大衣，适合于春季、秋季、冬季外出穿着，是近二三十年来比较流行的服装。由于风衣具有造型灵活多变、健美潇洒、美观实用、携带方便、富有魅力等特点，因而深受中青年男女的喜爱，老年人也爱穿用。

图2-12　风衣

1. 风衣的由来

风衣出现于第一次世界大战中。当时英国陆军时常在阴雨连绵的天气里进行艰苦的堑壕战，为了使部队的军服能适应战争的环境，英国有位名叫托巴斯·巴尔巴尼的衣料商人设计了供堑壕战用的防水大衣（所以国外把风衣称为堑壕服）。这种大衣最初的款式为前襟双排扣，领子能开能关（国外称这种领型为拿破仑领），有腰带，右肩附加裁片，前后过肩，肩襻、袖襻，插肩袖，有肩章，在胸部和背部有遮盖布，以防雨水渗透，下摆较大，便于活动。当时，这种大衣仅限于男士穿着。1918年，风衣正式被英军采用。

后来，这种式样的风衣随着时代的变迁逐渐演变并流行到民间成为生活服装，而且成为世界上第一种被女士采用的男装女穿的时髦装：风衣在民间刚开始流行，就博得女士们的欢心与钟爱，成为她们衣柜里的“宠儿”。于是，风衣成为人们追逐的时尚，经久不衰，一直延续到今天。很多年过去了，尽管现在的风衣款式繁多，变化万千，但万变不离其宗，其设计基础仍是堑壕大衣的款式。

2. 风衣的优点

风衣受到这么多不同年龄层次人群的垂青和喜爱，原因是多方面的。

首先是美观实用。风衣属于外衣便服一类的服装，式样与一般中大衣大致相似，衣长至膝盖上下，可长可短，外形呈X形，造型灵活多变，可分为直线条型和流线条型两大类。其款式一般为翻驳领，以倒掼式雨衣领和蟹钳式驳领较为多见，有单排扣、双排扣和暗扣，口袋有暗袋和斜插袋，腰部系腰带。采用分割工艺制作，由于镶拼较多，工艺严格，使风衣结构丰富多彩，可体现出女性的线条美。还有多种变化和创新，如前育克，后覆肩，饰有肩襻、袖襻，后前中缝下部开衩。在结构上与雨衣相仿，一般为单层，也有的在前胸、后背装半夹里，一般地区和气候条件下都可穿着。风衣不仅比大衣、西装等礼服、制服活泼随意，而且也比夹克衫、卡曲衫等便服高雅大方，还具有穿着、行动、携带、保存都较方便及可以防风挡雨、防尘御寒、保护服装等特点，并能借助于它的造型使人体显得线条明快、身体匀称，增添风采和韵味。

其次是极富魅力和风采，能体现穿着者的身份和地位。早在20世纪30年代，美国好莱坞的一些著名女影星，如凯瑟琳·赫本等人引领时尚，在银幕内外都穿着时髦的风衣，更加烘托出她们的魅力和风采，使广大妇女耳目一新，纷纷争先仿效，对风衣走进千家万户起到了推动的作用。时至当代，风衣仍是欧美贵妇名媛的必备衣物，如美国前总统肯尼迪的遗孀杰奎琳·肯尼迪从华盛顿乔迁纽约后，经常穿着风衣出现在各种社交场合；英国女王伊丽莎白二世每次去苏格兰，总是让摄影师为她拍下穿着风衣骑马的英姿；又如美国著名影星梅丽尔·斯特里普也在电影《克莱默夫妇》中，身穿风衣扮演了一位劳动者的善良母亲。

再有就是可衬托出穿着者高雅而潇洒的气质，给人以一种轻松而欢愉的感受。当人们在早晚散步、外出旅游时或是在细雨霏霏、风沙弥漫的环境中穿上色调明快多彩的风衣，显得格外精神和潇洒，气度非凡。尤其是近年来风衣已日趋时装化，各种场合都可穿着，甚至可以穿着风衣赴宴。

3. 风衣的款式

现今风衣款式可谓多种多样。① 军用式风衣采用双襟，有腰带，肩上也有带，女士选穿衣长与裙齐的军用式风衣显得庄重典雅。② 运动式风衣采用直身、肥袖，里面可穿外套，女士可配长裤，这种款式具有穿着舒适、方便运动的特点，最适宜远行和郊游。③ 斗篷式风衣采用小领，挂小披肩，连着帽子，造型活泼，具有一定的浪漫色彩，因衣长较长，在一定程度上可掩饰粗腰、肥臀和粗腿等身材上的缺陷。④ 衬衣式风衣类似于斗篷，但有袖子和帽子，穿着方便、舒适，特别是身材匀称、苗条的女士穿上它更显得干练、秀丽。⑤ 浴袍式风衣与浴袍相似，没有线条，有披肩或帽子，较长，里和面不同色，正反两面都可穿，既可配裤，又能配裙，柔软舒适而富有魅力，女士穿着时，系上窄腰带后形成水波流动般的曲线，给人一种温柔、苗条的感觉。⑥闪光式风衣多为中长、大领，有腰带和帽子，无线条，选用金色或银色的尼龙面料，质轻，适合青少年女性穿着，显得婀娜多姿。⑦大外套式风衣采用一块大正方形面料，中间开洞，露出头部，既防雨，又透风，夏天穿着比较舒服，适合于大多数体型，但容易弄乱头发。

总之，风衣市场品种丰富、款式多样，长风衣、中风衣、短风衣各领风骚（短风衣仍唱主角），宽松式、夹腰式、直上直下式各具特色，立领式、西装领式、两用领式及连帽式等适应面广。因此可以说，风衣在服饰园地里独树一帜，是一朵永不凋谢的瑰丽奇葩。

4. 风衣的面料和颜色

现今风衣的面料和颜色也趋向多样化。面料有防雨尼龙、克罗丁、中长化纤、涤卡、涤棉府绸、全毛呢料及部分丝、麻织物等。风衣所用的面料要求紧密，纱线条干好，富有弹性，抗皱性能强，坚牢，织物需经拒水处理。面料的颜色除传统的米黄色、浅灰色之外，还有海军蓝色、浅棕色、橄榄绿色、黑色、咖啡色、驼色、栗灰色等，女式风衣的颜色也有银灰色、雪青色、海蓝色、橘红色、紫红色、锈红色、浅绿色、墨绿色、鸽灰色、象牙白色、本白色等，五彩缤纷，绚丽夺目，给生活环境增添了艺术情趣和风格魅力。

十三、雨衣

雨衣是用来防雨的用具，也是人们不可缺少的日常生活用品。现今的雨衣在结构上通常与风衣相仿，品种非常多。按穿着对象分，有男式雨衣和女式雨衣；按结构造型分，有连帽式雨衣、外衣式雨衣和无袖披风式雨衣等；按材质分，有油布雨衣、胶布雨衣、塑料薄膜雨衣和防雨布雨衣；按用途分，有生活用雨衣和职业用雨衣两大类，前者包括通常所说的雨衣以及风雨衣、雨披等，后者有军用雨衣、消防雨衣、野外工作雨衣、地下采矿用坑道服、交警值警雨衣等。

1. 古代的雨衣

根据历史记载，我国先民最早使用的原始雨衣是用竹片、竹箬和茅草编制的蓑衣，在下雨天它和笠帽（又称斗笠或竹笠）合在一起使用（图2-13）。在中国最早的一部诗歌总集《诗经》中，蓑衣就已出现，《诗·小雅·无羊》云：“尔牧来思，何蓑何笠。”何，即“荷”，意为戴着，意思是说一位牧羊人披着蓑衣，戴着斗笠。其后历朝历代的诗词中蓑衣更是频繁出现，如唐代诗人张志和《渔歌子·西塞山前白鹭飞》：“青箬笠，绿蓑衣，斜风细雨不须归。”诗中，“青箬笠”是由竹片和竹箬编制而成的，“绿蓑衣”则是由茅草或棕皮制成的。再如宋代苏轼《浣溪沙·渔父》：“自庇一身青箬笠，相随到处绿蓑衣。”这两首极富生活情趣和时代气息的诗词，生动地描写了古人身穿蓑衣的真实情景。由于蓑衣的款式简约大方，使用便捷，既防雨又保暖，穿蓑衣、戴笠帽也深受贵族士人的青睐，并成为一种时尚。在小说《红楼梦》中，描写贾宝玉披白玉草编的“玉针蓑”，戴着由藤皮细条编成、刷以桐油的“金藤笠”，引起众多花季少女们的赞叹，并纷纷仿效。我们从这些描述中不难窥知蓑衣在中国古代使用之普遍，而且即使是今天，在南方偏远地区农村，雨天仍可见到农民头戴笠帽、身披蓑衣在田间劳作的情景。

图2-13　蓑衣和笠帽

中国古代除用蓑衣防雨外，还普遍使用油布衣。所谓油布衣，是用桐油涂在布上做成的油布雨衣，最早大约出现在春秋时期，这是雨衣发展史中一个非常重大的突破。《左传·哀公二十七年》记载“陈成子衣制杖戈”，杜预注“制，雨衣”，清代文字训诂学家段玉裁认为“制”不是草制的雨具，“若今之油布衣”。此外，《隋书》记载隋炀帝观猎遇雨，“左右进油衣”，这种油衣是用绸或绢制成的，造价非常昂贵，专供皇室贵族和达官巨贾使用，普通老百姓所用的油衣一般是用麻布制成的。与蓑衣相比，油布衣虽有重量轻、便于携带、防雨效果好的优势，但仍存在粗糙、质硬、不耐折叠等缺点，今天已很难见到。

2. 现今的雨衣

现今的雨衣使用的防水布料多为胶布、塑料薄膜、防雨布等。其中，用胶布制成的雨衣最早出现在英国。据记载，1823年的某一天，英格兰一位名叫麦金托什（Mackintosh）的橡胶工人在工作时不慎将橡胶液滴在衣服上，因无法擦去，他心中非常懊恼。下班回家时恰逢下雨，他穿着这件脏衣服回家，在回家的途中，他发现滴有橡胶液的这件脏衣服居然能挡雨。于是，在第二天他便把自己的衣服涂满橡胶液，这就是世界上第一件橡胶雨衣。后来胶布的性能不断得到改进和提高，具有较好的弹性、绝缘性和耐折性，被广泛用于制作防风、防雨的劳动保护用品。

用塑料薄膜制成的雨衣，则是随着20世纪60年代初乙烯氧氯化法生产氯乙烯工业化后才被广泛使用的。这类雨衣具有制作简便、轻便柔软、花色品种多、价格低廉等许多优点。

防雨布制成的雨衣是用经过拒水或拒油处理的防雨布缝制而成的。经过拒油处理的布兼能拒水，并有良好的透气性，适宜制作高档雨衣，其品种有涤棉卡其、涤棉府绸、全棉布、纯涤纶超高密度防水布以及防雨涤丝绸、纯棉卡其等。现在很多流行外衣的面料也常选用防雨布，这样可以一衣多用，晴天、雨天都可以穿。

十四、寿衣

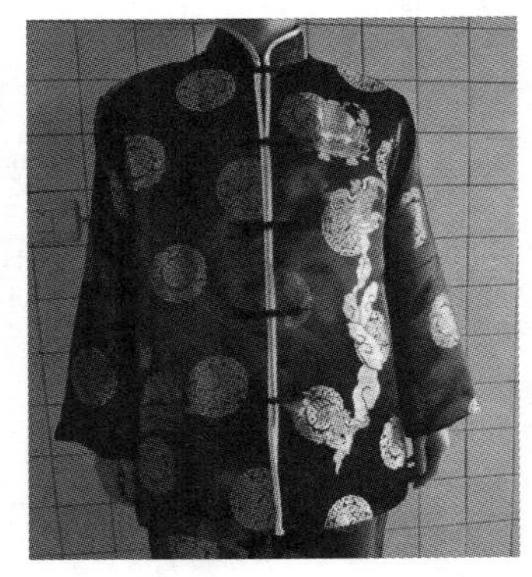
图2-14　寿衣

寿衣（图2-14）是装殓死者的衣服，是指为亡人穿戴的衣服。老年人生前就做好死后要穿的衣服，美称寿衣，有祈求长寿之意。

1. 过去的寿衣

在中国古代，丧礼仪式大致分为小殓、大殓、盖棺入土等几部分。其中为逝者穿换寿衣和铺盖叫小殓，一般在死之次日早晨进行，其过程是：先在床上铺席，再铺绞（用以扎紧尸体所穿衣的宽布带），绞上铺衾（裹尸的被盖），衾上铺衣，再举尸于衣上，然后依相反的顺序穿着装束。束绞后套上冒（装尸体的布袋，分上、下两截），上盖夷衾（覆尸的被单）。至此，亲者痛哭，哀止，小殓礼成。通常死者身份越高，小殓衣衾越多、越贵重。例如，在春秋战国时期就出现了缀玉面罩、缀玉衣服等特殊寿衣，汉代皇帝和贵族的玉衣由此而来，并分为金缕、银缕、铜缕玉衣三个等级。在河北保定满城出土的西汉中山靖王刘胜墓中的金缕玉衣，是用金丝约1 100克将2 498片玉石编缀起来，制出眼、鼻、嘴、胸、腹、臀、脚（方头平底靴）的形状，这是迄今为止发现的最为豪华奢侈的寿衣（玉衣）。

逝者穿寿衣前一定要擦身，也叫抹尸，有干干净净离开人世走向来世之意，从卫生角度讲，这一程序是非常必要的。所穿寿衣件数讲究奇数，而且上下相差二，如上七下五或上九下七，最多是上十一下九，即穿十一件上衣、九条裤子（女性可用裙子代替裤子）。夭寿者，亦即不到五十岁而死的人，一般只能穿三件。死者的年龄愈大，愈可多穿，表示有福有寿。那么老人死了为什么要穿那么多的衣服呢？这是因为过去有的人家总是先把死者装在棺材里，不急于入土埋葬，要把棺材在家里停放一段时间。大体死者年岁愈大，停放时间愈久。有的死者儿子为尽孝，长期守护棺木，待三年脱孝后才将棺木入土安葬。这就必然出现一个问题：棺材里面的尸体久了会腐烂，会流出液体来，并可能透过棺材渗漏出来。为了防止渗漏，除了在棺材里面放上草木灰、草纸一类吸水的东西，还要多穿衣服，亦为了能吸水分。人的内脏在上身，腐烂时水分比下身更多些，因此上身要比下身多穿些。夭寿者通常在死后很快埋葬入土，所以可以少穿衣服。后人相袭成俗，一直沿用下来。

我国是一个多民族的国家，历史上各民族的寿衣制式不尽相同。以汉族为例，近代汉族寿衣沿用清代冬衣的配套法，有衣5件（白布衬衫、衬裤、棉袍、袄或褂、裤各1件）、帽1顶、鞋1双，另有衾枕1个。外衣以绸为面料，大多绣有五蝠捧寿图案。比较考究的寿衣，男穿长袍马褂，女穿袄袍，都绣有金花和寿字。寿衣的颜色一般为蓝色、褐色，年轻的妇女用红色、彩色或葱白色。此外，还配以被褥，通常是铺黄、盖白（意为铺金盖银），被面上常绣“八仙”。

2. 现在的寿衣

寿衣一般包括衣、裤、裙，衣有内衣、中衣、外衣之分，裤和裙皆有长、短及各类中西不同款式。目前市场上的寿衣分为古装、现代装以及一些地区特有的款式，具体有长衫、短袄、马褂、唐装、中山装、西装、旗袍等；布料一般采用印花布、丝绸、呢子等，颜色也由过去的蓝色、褐色，慢慢发展到现在的红色、粉色、紫色、绿色、金色，加入了更多的五行元素，来对应逝者的五行属相。

与寿衣配套的有衾、寿帽、寿鞋、寿枕、寿被等。其中，衾是裹尸的包被，形似斗篷，以绸、缎为面料，上面绣以花卉、虫鱼、寿星等吉祥图案，穿在逝者的最外面；寿帽又称寿冠，男的一般用礼帽、便帽，也有戴传统的清朝瓜皮帽的，女的特别是我国南方的老年妇女常戴蚌壳式绒帽，有“老夫人”相，但不适合中青年女性；寿鞋一般是中式布鞋或西式皮鞋，寿袜一般为棉布袜；寿枕以纸、布做成，按传统习俗，头枕饰有云彩，脚枕为两朵莲花，谚曰“脚踩莲花上西天”；寿被是一种盖在逝者身上的狭长小被，处于最外层，以布、缎作为面料，上绣星、月、龙、凤等图案，过去大殓时要用两条寿被，一条垫于尸身之下，一条盖于尸身之上，与棺盖隔离，现在遗体火化，在开追悼会时只用一条寿被盖于逝者身上即可。

现在因各地都大力提倡文明办丧事，城市和大多数农村移风易俗，办丧事一般只给死者穿整齐干净的日常生活服装，但在习惯上仍称寿衣。

中　篇

一、乌纱帽

我们在看传统戏剧特别是京剧时，常见到舞台上的官员头上戴着有两翅的乌纱帽（图3-1）。乌纱帽现已成为历史博物馆的收藏品与展品，许多人对这种帽子感到既陌生又好奇。

图3-1　乌纱帽

那么，乌纱帽到底是何物？又起源于何时？据考证，在古代，戴在头上或包（裹）在头上的东西不称为帽而叫首服，它比帽涵盖的内容更广。在中国文化传统中，人们对头是十分重视的，“首”字的初意就是头，后来又引申出“第一”“重要”“首要”等意思。在我国古代，凡被打了脸、脸上被刺了字或被剃了光头都被视为受了莫大的伤害和羞辱。相应地，首服也在服饰中具有的特殊地位，各种首服的戴法、戴的人、戴的场合都有严格的规定或俗成模式，以区别戴者身份的高低与贵贱。我国在不同的历史时期对首服有不同的规定，从周代至明代的各主要历史阶段，首服的品种极多，总体上可分为冠、弁、冕、巾、帻五大类。古代平民不戴冠，发髻上覆以巾，古书上称为“士冠庶人巾”，指的就是百姓多以巾裹头，这是典型的百姓首服。乌纱帽是由唐代的幞头演变而来的，幞头就是头巾，据《新唐书・车服志》载：“幞头起于后周，便武事者也。”乌纱帽开始并非官员专用，到了明朝乌纱帽才正式被定为官帽。

乌纱帽最初是用藤条编织，以草巾子为里，纱为表，并涂上黑漆。后来官服开始用乌纱帽，由于纱经油漆后坚固而又轻便，于是去掉藤里不用，并在纱帽上“平拖两脚，以铁为之”，这就是帽子两侧伸出的两支硬翅。自宋初开始，两翅逐渐加长，据说目的是为了防止官员们上朝站班时互相交头接耳说悄悄话，如果交头接耳，则两帽翅就会碍事，很可能会把帽子碰落到地上，皇帝可及时发现。

到了明代，乌纱帽成为专用官帽，其形制是以铁丝为框，外蒙乌纱，帽身前低后高，两旁各插一翅，通体皆圆，帽内另用网巾以束发。乌纱帽之帽翅的形状因戴用者的官职、身份不同而各有异。按规定，文武百官在上朝朝拜或视事时均可戴之，一般与圆领衫配套穿戴，但官职如被罢免，则不得再戴。

到了清朝，乌纱帽虽被顶子花翎所取代，但乌纱帽仍是人们口头上官职的代名词，在民间一直沿用至今。如某某人因犯错误丢了官职，就称丢了乌纱帽；又如有些领导干部坚持原则，坚持真理，敢于同不正之风或邪恶势力进行坚决斗争而不怕丢官职，也称不怕丢“乌纱帽”。

二、帽子

帽子（图3-2）是用于御寒、防暑、装饰和标识的首服。俗话说“穿衣戴帽，各有所好”，这不仅说明帽子的品种十分繁多，而且说明人们对帽子的选择也是多种多样的。

图3-2　帽子

1. 帽子的由来和作用

帽子起源于何时，是谁发明的，现在很难考证，但是，帽子是由巾演变而来的，这是有据可查的。据南朝梁陈之间的顾野王所撰《玉篇》载："巾，佩巾也。本以拭物，后人着之于头。"在古代，巾是用来裹头的，女性用的称为"巾帼"，男性用的称为"帞（帕）头"；到了后周时期，出现了一种男女均可用的"幞头"，原本是人们在劳动时围在颈部用于擦汗的布，相当于现在的毛巾，人类在田地里劳作，会受到大自然的风、沙、日光的袭击，于是人们便将巾从颈部向上发展而裹到头上，用来防风沙、避严寒、免日晒，由此渐渐地演变成各种帽子。

帽子的出现为人类的健康做出了重要的贡献。从科学的角度讲，人类戴帽子可以维持整个身体的热平衡，在气候发生变化的时候，不会因头部过多地失去或吸收热量而引起全身冷热的变化，从而避免产生不舒服的冷感和热感。生理学实验证明人的头部和整个身体的热平衡有着相当密切的关系。在热生理学上把散热多于产生热的量称为热债。在一般情况下，热债小于105千焦（25千卡）时，人体基本上能维持热舒适状态；当热债达到630千焦（150千卡）时，人体便会出现较激烈的寒战，此时戴上较厚的帽子可以防寒保暖。反之，当人处于骄阳的直晒下时，环境温度高于体温，身体通过皮肤对热的吸收使体温有增高的趋势，体温增加过高就会引起中暑，此时如能戴上遮阳帽，由于大脑是中枢神经系统所在，所以会起到防暑降温的奇妙效果。

2. 戴帽子的习俗

人们戴帽是很有讲究的。在我国古代，脱帽是无礼的，而现在则以脱帽表示礼貌。在欧美一些国家，男人遇见朋友时，往往将帽子微微抬起，以示友好与尊敬，而意大利一些地方则相反，遇到友人时必须将帽子拉低，以表示诚意和谦虚。特别有意思的是，英国的议员们在议会大厅开会时是不允许戴帽子的，只有一顶帽子挂在墙上专供发言者戴，谁发言谁戴，当意见不一致而发生激烈争论时，大家就你争我夺地抢帽子，犹如赛场上抢球一样，热闹非凡。在古巴一些地方，只有在死了亲人时才戴帽子报丧；而在墨西哥南部一些地方，如果来人一进屋就脱去帽子，则意味着是来寻衅的，屋内的人就会立即奋起，操起物件准备迎战。又如印度尼西亚巽他族的医生以帽子上插着的羽毛数量来代表其医术，每治愈一位病人，就在帽子上插上一根美丽的羽毛。厨师戴的工作帽以高矮表示技术级别的高低。在中国古代还以不同的帽子来区分官衔的等级以及官吏与平民百姓，比如“乌纱帽”本是古代的官帽，现已演变为官职的代名词。由此可见，戴帽子的讲究真不少！

与帽子有关的一些成语也从另一个侧面反映出帽子与人们的生活密不可分。例如“冠冕堂皇”中的“冠冕”是指我国古代帝王、官吏戴的礼帽，古代的“冠”并非像现在的帽子把头顶全部遮住，它只有狭窄的冠梁，遮住头顶的一部分，两旁用丝带在颈下打结固定。古代的男子20岁时开始戴冠，并要举行“冠礼”表示成年的开始。“冕”的出现要早于“冠”，它前低后高，表示恭敬之意，前面用丝线垂面，使目不斜视，两旁用丝线遮耳，表示不听谗言。“冕”是专供帝王使用的，所以皇子在继承皇位时才能加“冕”。因此，“冠冕堂皇”用来形容表面上庄严或正大的样子，亦即用于形容外表气派很大、很体面的样子（现含讽刺意味）。“怒发冲冠”意即头发直竖，把帽都顶起来了，形容非常愤怒的情态。又如，“张冠李戴”“衣冠楚楚”“衣冠禽兽”“弹冠相庆”等等。

3. 帽子的种类、大小与质量

帽子的品种繁多。按用途分，有风雪帽、雨帽、太阳帽、安全帽、防尘帽、睡帽、工作帽、旅游帽、礼帽等；按使用对象和式样分，有男帽、女帽、童帽、少数民族帽、情侣帽、牛仔帽、水手帽、军帽、警帽、职业帽等；按制作材料分，有皮帽、毡帽、毛呢帽、长毛绒帽、绒线帽、草帽、竹斗笠等；按款式特点分，有贝雷帽、鸭舌帽、钟形帽、三角尖帽、前进帽、青年帽、披巾帽、无边女帽、龙江帽、京式帽、山西帽、棉耳帽、八角帽、瓜皮帽、虎头帽等等。

帽子的大小以“号”来表示。帽子的标号部位是帽下口内圈，用皮尺测量帽下口内圈周长，所得数据（单位为“厘米”）即为帽号。“号”是以头围尺寸为基础制定的，帽的取“号”方法是用皮尺围量头部（过前额和头后部最突出部位）一周，皮尺稍能转动，此时的头部周长为头围尺寸，根据头围尺寸确定帽号。我国帽子的规格从46号开始，46～55号为童帽，56～60号为成人帽，60号以上为特大号帽，号间等差1厘米，组成系列。

帽子的质量一般从规格、造型用料、制作几方面来反映。具体地说，规格尺寸应符合标准要求；造型应美观大方，结构合理，各部位对称或协调；用料应符合要求。单色帽各部位应色泽一致，花色帽各部位应色泽协调；经纬纱无错向、偏斜，面料无明显残疵；皮面毛整齐，无掉毛、虫蛀现象；辅件齐全；帽檐有一定硬度。帽子各部件位置应符合要求，缝线整齐，与面料配色合理，无开线、松线和连续跳针现象；绱帽口无明显偏头凹腰，绱檐端正，卡住适合；织帽表面不允许有凹凸不匀、松紧不均、花纹不齐；棉帽内的棉花应铺匀，纳线疏密合适；帽上装饰件应端正、协调；绣花花形不走形，不起皱；整烫平服，美观，帽里无拧赶现象；帽子整体洁净，无污渍，无折痕，无破损等。

4. 帽子的选戴

如何选戴一顶合适的帽子是相当有讲究的。戴上合适的帽子可充分展示风姿，点缀形象，达到美化仪表的目的。例如，时髦女郎穿上西式服装和大衣，再戴上高档毡呢法式礼帽，风度翩翩，韵味不凡；花季少女身着红色羽绒服，头上再戴一顶白色绒线帽，红白相映，分外娇娆；年轻的小伙子头戴一顶造型生动、色彩协调的贝雷帽，豪放中更显潇洒，充满青春活力；中老年男士在冬天穿上呢大衣，再戴上一顶西式礼帽，神采奕奕，精神抖擞，一派绅士风度。

要使帽子戴得更美丽，为人增添风采，尤其是青年女性，关键是要根据自身的身体条件，切不可看到别人戴什么样的帽子就一味盲目模仿，有时会适得其反。选戴帽子应与肤色、体型、脸形、年龄及服装相匹配，使别人看后产生美感，而不是产生别扭的视觉效果。

（1）帽子的颜色应与戴帽者的肤色相协调。皮肤白皙的人戴什么颜色的帽子都好看，而皮肤黝黑的人忌戴色泽鲜艳的帽子，否则会使戴帽者黝黑的皮肤显得更黑；皮肤发黄的人，最好选戴深红色或咖啡色的帽子，若戴白色、绿色或浅蓝色的帽子则会加重病态的感觉。

（2）帽子的款式和大小应与戴帽者的体型相匹配。以女性为例，身体矮胖的人不宜戴高顶或圆冠帽，否则会使戴帽者显得更加矮小，若戴高顶尖帽可给人产生拔高之感；矮个子不宜戴平顶宽檐帽，以避免给人以矮胖之感；身材瘦弱者戴帽宜小不宜大，否则会在视觉效果上产生上圆下尖、头重脚轻之感；

而身材高大的女性不宜戴帽檐过小或高大的筒子帽子，以免显得上尖下圆、头轻脚重过分高大，看上去令人产生不舒服的别扭感觉。

(3) 帽子应与戴帽者的脸形相适合。选戴帽子时应运用“相反相成”的原则。① 方形脸棱角分明，有个性，选戴具有不规则的边及显眼的帽冠的帽子可使方形脸的棱角不那么明显，采用斜戴、歪戴将帽子戴出些角度来，可使脸部变得柔和，最佳的选择是戴大边帽。② 长有心形脸的女性，小小的下巴很惹人怜爱，宜选戴小而高的帽子来缓和尖下巴的线条，应避免大而重的帽檐，否则会把心形脸完全掩盖住，不能起到美饰作用，甚至会适得其反。③ 圆形脸若选戴圆顶帽，会使脸部看上去过于丰满，选戴有较长的帽冠加上不对称的帽檐的帽子，在视觉上可起到延长脸的长度的作用，如选戴大的鸭舌帽或水手帽是比较合适的。④ 椭圆形脸具有完美的脸部曲线，对帽型的选择机会最多，非常适合这种脸形的帽型有大檐帽、平檐帽或有斜度的大边型帽等，这些帽型最为流行，并兼具遮阳与神秘效果。⑤ 长形脸的女性看上去有些斯文与古典之感，不宜戴尖顶高帽或小帽，若戴上帽檐较宽的帽子或平顶圆帽，可以起修饰过于狭长的脸形的作用，使脸形看起来宽一些，显得眉目清秀，可选戴中凹绅士帽、贝雷帽或水手帽等。⑥ 对于三角形脸的女性来说，为了避免别人的视线集中在三角形脸的下巴部分，不宜选戴当前比较流行的鸭舌帽，因为它会使脸部显得上大下小，使脸更显消瘦，若选戴有短而不对称的帽檐及高帽冠的帽子，如吊钟帽、圆帽等，能把三角形脸的眼睛衬托出来，吸引人们的注意力，故这类帽子是三角形脸女性的最佳选择。可见，帽型选择得当可美饰脸部，起到“画龙点睛”的作用。

（4）年龄与选戴帽子的关系相当密切。选择不当，会产生不伦不类的视觉效果，让人看上去不舒服。青少年女性适宜戴小运动帽或帽檐朝上卷的帽子，这种帽型有利于突出少女的烂漫与朝气。少妇宜戴简洁、明快的帽型，可烘托出她们活泼而浪漫的性格。老年妇女宜戴素色、大方的帽子，避免戴色彩鲜艳、款式俏丽的帽子。戴眼镜的女性不宜戴帽檐低到前额或是有花饰的帽子，否则有碍于产生眉清目秀和斯文的感觉。婴幼儿的帽子应多考虑卫生和健康：在外出或户外活动时，戴上帽子可以起到保暖御寒或遮挡日光的作用；患有湿疹的婴儿忌戴毛织品帽，以免发生皮炎；婴儿宜戴由绒布或软布做的帽子，切忌戴有毛边的帽子，这样可保护婴儿娇嫩的皮肤不受刺激；在我国农村有些地方，家长常在婴儿戴的帽上绣“长命富贵”“长命百岁”或让婴儿戴装上各种金属硬饰品的“虎头帽”“兔头帽”等，这种帽子戴着不舒服，甚至会使婴儿的面部或手受伤。儿童的特点是好动，宜选择式样新颖活泼、色彩鲜艳、装饰性强的帽子。中老年男性选择帽子的范围相对较小。

（5）帽子要与服装相匹配。搭配合理可以起到协调整体、点缀形象和美饰的作用。女子外出旅游时，入时的服装配上一顶造型生动活泼、舒展美观的太阳帽，可充分显示女性的青春活力；男子在身穿西式大衣的同时，戴上一顶礼帽，男子汉气概十足，显得庄重而沉稳。

（6）戴帽应注意卫生和保健性。帽子选戴得当，不仅可以使人倍增风采与魅力，而且还有利于人体的发育、健康和长寿。

三、围巾

图3-3 围巾

围巾（图3-3），古代又称头巾。围巾是用于围脖、披肩和包头的御寒、防风、防尘兼具装饰性功能的织物。明代医药学家李时珍在《本草纲目·器部一》中就有“古以尺布裹头为巾，后世以纱罗布葛缝合，方者曰巾，圆者曰帽”的记载。由此可见，围巾在我国古代早已有之，并把它作为防病的器具，后经多次演变，成为今天这种具有美饰与保健功能的围巾。有人将围巾誉为颈部的时装，一点也不为过。

1. 围巾的种类

围巾是采用纯棉、人造棉、涤纶、腈纶、羊毛、羊绒和兔毛等为原料，以纯纺或混纺进行织造（机织、针织或手工编织）而成的。各种围巾因织物组织结构、原料及色彩花型等不同而各具特点。

围巾的组织结构一般较疏松，质地丰满柔软，富有弹性。组织结构按加工方法分为机织和针织两类，机织的有平纹、重平、斜纹、变化斜纹、缎纹、绉纹和纬二重等组织，针织有经编和纬编(包括手工编织)。一般以色织为主。产品的形态有长方围巾、方围巾、三角围巾和斜角围巾等。

有的围巾品种可用其原料命名，例如：① 羊毛围巾，特点是柔软丰满，保暖性好，使用舒适；② 羊绒围巾，特点是手感柔软，细腻滑糯，轻盈舒适，保暖性好；③ 羊兔毛围巾，特点是手感滑腻，柔软蓬松，色泽艳丽；④ 毛黏围巾，特点是柔软丰满，使用舒适，但保暖性略差于羊毛围巾；⑤ 腈纶围巾、腈维交织围巾，特点是色泽鲜艳，轻盈美观，保暖性好，不易霉蛀；⑥ 腈纶毛裘围巾，特点是具有毛皮感觉，手感柔软丰厚，绒毛细洁光滑，并有波浪弯曲，色泽柔和，保暖性和装饰性均好；⑦ 黏纤围巾、棉线围巾，特点是质地比较紧密、光滑、挺括、吸汗而不易黏附沙尘草屑，适宜农民在田间劳动时使用；⑧ 锦纶丝围巾，特点是质地细腻，薄如蝉翼，轻盈飘逸，适宜于春秋季使用；⑨ 丝绸围巾，特点是质地轻薄光滑，花色艳丽多彩。

围巾的花色品种更是丰富多彩，有小提花围巾、印花围巾、绣花围巾、蜂巢围巾、素色围巾、彩格围巾、横条围巾、双面围巾、空花八彩围巾(以腈纶膨体针织绒为主要原料，结构为平纹空花组织的彩格围巾，色彩艳丽，装饰性强，以红、白、蓝、绿、黄等色为主体，再搭配四色、六色、八色，统称为八彩围巾）和各色花式须边围巾等。

围巾的边形也是多种多样，有平边、穗须边、钩边（三角围巾用）、月牙边和锯齿边等。

围巾因其用途、外形的不同而有各种规格。男、女式长方围巾长120～140厘米，宽25～30厘米，童式围巾长100厘米，宽20厘米，加长的长、宽各增加15%～20%；方围巾78厘米 ×78厘米，大的方围巾也有104厘米 ×104厘米的；三角围巾底边长105厘米，高52.5厘米；斜角围巾长110厘米，宽17厘米。围巾的穗须有织穗、装穗和捻穗三种，穗长根据其用途和外形而有所不同，如特加长围巾为7～8厘米，加长围巾为6厘米，中长围巾为5厘米，普长围巾为4.5～5厘米，儿童围巾为3.5厘米，方围巾为4.5厘米，儿童方围巾为3.5厘米，过长或过短则失去协调美，有损装饰性。

2. 围巾的功能

围巾的保健功能十分明显，特别是严寒的冬天，人们身穿厚棉衣，头戴皮帽子，脚穿皮棉鞋，手戴皮手套，身体各部位都能得到保暖，唯有脖颈部是个“薄弱环节”，衣服内层的热量会因“热空气上升”的热对流原理从颈项部由领口散失。当遭受风寒侵袭时，很容易诱发感冒或风寒型颈椎病，严重时感到颈部发酸、疼痛以及活动受到限制。围上围巾后，可减少体热的散失，具有明显的保暖作用。

除了保健功能以外，围巾还具有点缀、装饰和美化服装的功能。在春风吹绿了大地，阳光和煦、春暖花开的时候，选用一条合适的围巾围在头上，系在颈间，披在肩上，迎着暖和的春风轻柔地飘拂着，绚丽地闪烁着，可使戴用者增添青春的光彩。在严寒的冬季，与毛衣、外套相搭配，围巾可改善较为单调灰暗的冬季自然环境。显然，围巾的美饰功能已大大超过其保健功能。

3. 围巾的选用

围巾应与服装的质料、色彩、款式以及人的肤色、身材、头型等相协调匹配，才能起到更佳的美饰作用。

(1) 围巾与服装的颜色要匹配。例如，冬季人们常穿黑色、灰色、咖啡色和蓝色的外套、裤子，这些颜色虽然显得高雅、稳重，但给人留下的是暗淡、单调和老气横秋的不悦感觉，如能配以淡色或色彩鲜艳的围巾，就会改变服饰的整体风貌，既不失高雅、沉稳，又能显示出青春的朝气和活力。如果外衣深暗而裤子颜色较浅，则围巾可选用与裤料色相似的颜色，这样可达到上下呼应平衡，增加了服饰的整体美感；如果外衣色深、内衣鲜艳且外露领部，则围巾的颜色宜与内衣相近，可达到服饰的整体和谐美；当内外衣都很艳丽时，则围巾一定要素雅一些，否则看上去像一只斑斓的花蝴蝶。

总之，在选择围巾的颜色时，一般应与外表的色彩差距大些，这样才能突出和增强围巾的装饰效果。一般以素衣配花巾，花衣配素巾，可使淡色与深色相映生辉，更能鲜艳夺目，充分体现出服饰配套美。例如，穿银灰色衣服时，胖人应配黑绿色围巾，而瘦人配大红色更为协调；穿蓝灰基调西服时应配色彩艳丽的尼龙绸围巾；穿藏青色西服时应配纯白色的绸围巾；穿橘黄色毛衣时应配淡雅素色围巾；穿红色毛衣时应配黑色透明的围巾，红黑相映生辉；穿乳白色毛衣时，若配玫瑰红的围巾，则红白分明，显得典雅清秀；穿呢大衣、裘皮大衣时，若配钩针编织的花样复杂的大围巾，则显得高雅、华贵。

（2）在选择围巾的配色时，还要考虑到人的肤色。一般而言，皮肤白皙而红润的人可用乳白色围巾，可烘托出健康、纯洁、坦荡之感；仅是比较白皙的人忌用乳白色围巾，否则会显得病态苍白，此时若选用偏红一些的颜色，可使脸部增添朝气；脸色发黄的人可选用米色、驼色或暗红色围巾，给人以一种精神抖擞的感觉；肤色较黑的人，切忌佩戴颜色鲜嫩或太浅的围巾，因为相映之下，会使脸色更显得色黑而发黄。

（3）选用围巾时，还应根据人的身材和头型来确定。身材高大魁梧的人，应选用宽大的围巾；对于身材纤小玲珑的女子来说，若选用长围巾，则会给人一种拖沓累赘之感，在视觉上会使身材更显瘦小。如果是圆脸或方脸的人，则围巾打结的位置要下移或是把边角垂下来，在视觉上可起到改变脸型的效果；若是长脸或脸部瘦小，则宜将围巾扎在脖子上打个短花结或是将围巾搭在肩上，这样会显得俏丽而有朝气和活力。

(4) 不同年龄和性别的人对围巾的要求也是不同的。一般而言，青年人多从装饰性方面考虑，而老年人主要是为了达到保暖和保洁的目的。

男青年一般喜欢选用有暗格和条纹的彩色围巾，如选用带红色的围巾，就可以更好地调节男青年身上的单一色彩，给人带来精神抖擞和充满青春活力的感觉。

女青年使用围巾更有讲究，除了注意围巾的色彩外，更注重围巾的围法，使之更加能展示新颖别致和高雅大方。例如：① 使用长围巾，会显得质朴、典雅、洒脱、落落大方；② 用长而宽的围巾随意披在肩上，会显得端庄大方，具有浓郁的文化韵味；③ 用方形围巾宽松地围在头的下部直至领子，既暖和又舒适，在严寒的冬季不失为最佳的保健措施；④若将方围巾或长围巾在胸前打一个大蝴蝶结，可增添青春活力和几分天真烂漫；⑤ 如将围巾对角折叠，再折成条形系于裙腰，并在身后打一个蝴蝶结，便成为既漂亮又大方的一条点缀腰带；⑥ 时髦女郎还把大方巾作为“衬衣”用，方法是在方巾的中央打一个结，翻过来披于胸前，将上边的两角系于颈后，并整理出领型，而下边的两角系于腰后，这样就成为一件与外套相映成趣的韵味衫；⑦ 也有的青少年女性把小方巾的四只角分别打结套在脑后的发髻上，再将四角塞入，便成为既简单又富有青春活力的发饰，等等。还可以举出许多不同的使用方法。不同的人群对围巾的使用要求是不同的，如城市女性习惯于使用长围巾围在颈部，而农村女性则爱将方头巾披在头部防风沙，以保护头发的清洁，当然，北方城市的女性在扬尘的天气里外出，也喜欢将方头巾罩在头部。

4. 使用围巾的注意事项

使用围巾时必须注意卫生，一是要经常洗换；二是在寒风凛冽的冬天，切莫把围巾当成口罩使用。由于在围巾的纤维间隙中常积有大量的尘埃和细菌，如当口罩用很易被吸入上呼吸道，可能诱发哮喘和上呼吸道疾病；同时由于围巾较厚，捂住口鼻后有碍于正常的呼吸，从而影响到肺部的换气，这对健康是不利的。

围巾的洗涤方法也大有讲究。一般而言，各种质料的围巾宜用中性的洗衣粉或肥皂洗涤，在温水中轻轻搓洗后捏干（不能拧绞），然后摊平阴干，再用湿布覆盖熨平。切忌用沸水冲泡，洗涤时不可用力搓揉刷绞，以免围巾缩绒和变形。对于兔毛围巾，在晾干后用塑料卷发器在上面反复粘拉，即能蓬松如初。

四、丝巾

丝巾（图3-4）是围在脖子上用于搭配服装并起到修饰作用的物品。丝巾形状各异、色彩丰富、款式繁多，适合于不同年龄段的女性佩戴使用。

图3-4　丝巾

1. 丝巾的由来和演变

据史料记载，丝巾起源于16世纪中叶的欧洲，在16—17世纪间，丝巾主要作为头巾使用，并常与帽饰搭配，显得高雅华贵。至17世纪末期，欧洲出现了以蕾丝和金线、银线手工刺绣而成的各种华美秀丽的三角领巾，妇女们披在双臂并围绕在脖子上，在颈下或胸前打一个结，以花饰固定，起到御寒和装饰作用。到了法国波旁王朝全盛时期，路易十四亲政之时，将三角领巾列为服装中的重要配饰并将其规格化，社会上的一些上层人士开始用领巾来点缀装饰衣着，一些王公贵族也用领巾来展示男性风采。到18世纪末，三角领巾又逐渐演变为长巾，材质为薄棉和细麻，巾的长度可绕过胸前系在后背。到了19世纪，随着工业革命的进行，欧洲的工业慢慢地发展起来，用机器生产了大量的领巾，此时它不再是皇室贵族特有的奢侈品，而成为广大妇女普遍使用的生活用品。

到了20世纪，女性才完全发挥出使用丝巾的智慧，它开始陪伴着女性走上街头，走入职场。她们在头发上缠绕细丝带或头巾取代了当时的大型帽饰，甚至以发饰装饰在头发与头巾之间。现代丝巾的真正形成是在20世纪20年代，丝织的长巾开始广泛使用，广大妇女开始重视领巾的折法、结法等技巧。在30年代，当时以蚕丝或人造丝制成的领巾与长巾深受广大女性青睐，著名的Hermes丝巾也在此时面世了。到了60年代，各种品牌的丝巾纷纷登场，成为各服装品牌争相开发的配饰。在70年代，流行嬉皮士风格的花布头巾，冬季佩戴不可或缺的大围巾或长披肩。由于设计师们寻找到了新的创作灵感，丝巾成为女性必备的服装配件，出现了各式新颖的丝巾系法，使丝巾成为最具变化性的饰品。到了90年代，一股复古风潮又重新回到时尚界。经过近百年的演变，丝巾的功能已从服装、领巾、围巾、披肩发展到腰带、头巾、发带，甚至被绑在手提袋上作为装饰物。

进入21世纪后，丝巾仍在继续演变与发展，它早已变成一种服饰文化，承载着女性时尚的历史。

2. 丝巾的选用

如何在品种、款式众多的丝巾中选择合适的丝巾呢?

(1)材质和色彩是第一要素。由于制造丝巾的材质、编织方法以及纱线的种类千差万别,花纹和色彩也各不相同,最后制成的丝巾在视觉效果上会存在很大的差别。丝巾的边以手工缝制为上乘,印花色彩应均匀一致,色彩越丰富则品质越好。不同的手感、质感、重量、色彩乃至视觉张力,会使丝巾佩戴时产生不同的效果。

春天佩戴的丝巾材质宜选用丝绸。丝绸是制作丝巾最常使用的一种材质,在万物复苏、充满着勃勃生机的春季,丝绸制成的丝巾不仅焕发出迷人的光泽,而且具有天然的褶皱,雍容华丽的丝巾垂于胸前,显得稳重而又不乏风情,美丽而又不轻佻,可烘托出佩戴者的似水柔情、非凡气质。

麻是夏日丝巾材质的首选。在炎热的夏季,选择一方麻质丝巾可显出佩戴者的高贵脱俗的气质,不仅感觉惬意清爽,而且与任何夏装搭配都很合适。特别是麻质丝巾具有容易起褶皱的特性,这种随意和自然的褶皱更能显示出佩戴者浪漫的贵族风情。

棉质丝巾是凉风渐起的秋季最为贴心舒适的选择,它既可抵御瑟瑟秋风,其轻盈的面料展现出的休闲风格又会彰显出佩戴者的稳重与魅力。

毛质丝巾在寒冷的冬天可以达到既美丽又不冻人的境界，这种材质的丝巾纤薄、柔软而温暖，佩戴这种丝巾使女性倍显优雅的气质与风度，在北风凛冽的冬天显得浑然天成。

（2）应根据佩戴者的身材特点来挑选。例如，对于短脖的女士来说，宜挑选稍薄一点、小一些的丝巾，打的结最好系在颈侧，或是松松、低低地系在胸前；对于娇小玲珑的女士来说，应尽量避免太烦琐、太长的系法。

（3）挑选的丝巾应符合个人的风格。

（4）当看中某一款丝巾时，应将丝巾贴近脸部，看是否与脸色相配。

（5）丝巾应与服装相匹配。例如，白色外套佩戴深蓝色丝巾，灰色外套佩戴大红丝巾，杏黄色外套佩戴玫瑰紫色丝巾。如果外套与丝巾的颜色相近，则可用闪亮的别针来进行协调，也可取得较好的视觉效果。把不同颜色、不同图案的丝巾采用不同的方式打结，再配以佩戴者的发型和衣着，便可变换出不同的风格，时而端庄秀丽，时而恬静贤淑，时而热情奔放，时而又甜美可人。

（6）要根据脸型来选择丝巾。圆脸型者，脸型较丰润，若要让脸部轮廓看上去清爽消瘦一些，关键是将丝巾下垂的部分尽量拉长以产生纵向感，并注意保持从头至脚的纵向线条的完整性。在系花结的时候，宜选择适合个人着装风格的系结法，如钻石结、玫瑰花结、菱形花结、十字结、心形结等，应尽量避免在颈部重叠围系过分横向以及层次质感太强的花结。

对于长脸型的女性而言，采用左右展开的横向系结法，可展现出领部朦胧的飘逸感，并可减弱脸部较长的感觉。这种脸型的女性宜结项链结、百合花结、双头结等。另外，还可将丝巾拧转成略粗的棒状后系成蝴蝶结，但不要围得太紧，尽量让丝巾呈自然下垂状，以呈现出朦胧的感觉。

倒三角脸型的特征是从额头到下颌，脸的宽度渐渐变窄，呈倒三角形状，这种脸型给人一种严厉的印象和面部单调的感觉。可利用丝巾让颈部充满层次感，如果系一个华贵娟秀的带叶的玫瑰花结、项链结或青花结等，可产生很好的视觉效果。但是，应尽量减少丝巾围绕的次数，下垂的三角部分应尽可能自然展开，避免围系得过紧，并突出花结的横向层次感。

两颊较宽，额头、下颌宽度和脸的长度基本相同的四方脸型的女性，容易给人不柔媚的感觉。为了弥补这一不足，系丝巾时应尽量做到颈部周围干净利索，并在胸前打出一些层次感强的花结，如九字结、长巾玫瑰花结等，再配穿线条简洁的上装，便可演绎出典雅高贵的气质与风度。

五、领带与领结

领带（图3-5）是领部的饰件之一，广义上包括领结，是正面打结、主体呈带状的装饰品。领带起源于欧洲，通常戴在衬衫领下与西装配穿，是西式装束的男性象征。领带与西装的配套使用可起到画龙点睛的作用与效果，因为西装上衣的设计给领带的使用留出了恰到好处的空间，从脖子到胸前空着一个三角区，自然而然地形成了一个装饰区，而领带的佩戴正好是这个装饰区内的装饰点，成为西装不可缺少的附件。在漂亮的西装上佩戴一条醒目的领带，既美观大方，又给人以典雅庄重之感，会使使用者显得气质不凡。

图3-5　领带与领结

领带的打法是：将领带大头在右，小头在左，大头在上，小头在下，并且以大头端的长度大约是小头端长度的3倍的比例交叉在颈前。在佩戴领带时，常常配合使用领带夹、领带别针、领带扣针等一些附加饰物。

现在不仅男士喜欢佩戴领带，而且职业女性（如售货员以及银行、邮政、税务、公检法、工商、海关的职员等）也纷纷效仿，成为现代服饰文化中一个亮点。

1. 领带的由来和演变

领带起源于欧洲。据说，古时候住在深山老林里的日耳曼人从事狩猎，身披兽皮衣御寒，为了不使兽皮衣从身上脱落下来，就用草搓成的绳子扎在脖子上，后来逐渐演变成最原始的“领带”，而其后的演变历史却众说纷纭。

据传说，最早的领带可追溯到古罗马帝国时期。那时的战士胸前都系着领巾，那是用来擦拭战刀的擦刀布，在战斗时把战刀往领巾上一抹，可以擦掉上面的血。因此，现代的领带大多用条纹形的花纹，起源就在于此。到了17世纪，这种领带又为克罗地亚士兵所采用，随后逐步得到普及。虽然人们普遍认为扎领带的习惯起源于克罗地亚士兵，后来领带在法国流传很广，但是对于领带是如何传入法国的却有两种说法。一种说法认为这种领带可能是1600年前后“三十年战争”时期传到法国的，当时与瑞典人并肩作战的法国人发现这种打结的领巾很实用；第二种说法认为这种领带是1668年克罗地亚雇佣军到达法国时带来的，法国国王路易十四曾在巴黎检阅克罗地亚雇佣军，雇佣军官兵的衣领上系着的布带就是史料记载的最早领带。1692年，在比利时的斯腾哥尔克的城郊，英军偷袭了法军兵营，在慌乱中，法军军官无暇按照礼仪结扎领带，只是顺手往脖子上一绕就投入战斗。结果法军击溃了英军，于是斯腾哥尔克的英雄们便名噪一时，连妇女们也竞相系扎斯腾哥尔克式领带。1795—1799年，在法国又兴起了新的领带浪潮，人们系起白色和黑色的领带，领结比以前系得更紧了。

中国在改革开放后形成了领带设计、制作、生产、销售的基地和产业集群，许多世界顶级品牌在中国均有加工生产，生产基地集中的浙江嵊州有“中国领带名城”之称，比较有名的领带品牌有 COVHERLAB、瓦尔德龙、巴贝 / 皮尔卡丹、金利来等。

2. 领带的种类

领带的面料比较考究，一般选用丝绸、精纺毛呢、化纤仿丝绸织物、皮革等挺括材料，而以柔挺型细毛织物作为面衬，制作工艺要求高。

领带一般可分为三类：传统型，新潮型，变体型。传统型的尺寸规范，大领前端呈90°箭头形，单色或斜条带小花点图案，一般配领带夹，使用较为广泛，尤其适用于西套装。新潮型的形状较短，色彩艳丽，饰以立狮、马具、恐龙、足球、名画、名人头像等醒目图案，在佩戴时松结呈随意状，非常适宜休闲装束。变体型的选料别出心裁，有线环、缎带、皮条、片状或围巾状多种式样，通常是在特别场合使用。

按照领带的式样又可分为六类。① 四步活结领带，以四个打结步骤而得名，通常为斜裁，内夹衬布，长、宽时有变化。② 温莎领带，由英国温莎公爵所创造的结法而得名，黑色丝质的温莎结曾是19世纪末艺术家的象征。③ 细绳领带，又称牛仔领带，黑色的细绳领带是19世纪美国西部、南部绅士的典型配饰，特称上校领带、团长领带、警长领带。④ 保罗领带，又称快乐领带，是以滑动金属环固定的细绳领带。⑤ 蝶结领带，又称蝶结，一般采用丝质缎带或编织带制成，末端可尖可方，系成蝴蝶结状。在正式场合，白蝶结常与燕尾服搭配使用，黑蝶结常与晚礼服搭配使用。⑥ 方便领带，又称简易领带，做成固定的领结（内附硬衬以保持形状），领带内倒装拉链，戴用时上下调整位置即可。

3. 领带的选用与保养

（1）领带的颜色应与使用者的年龄相协调。青年人应选用花型活泼、色彩强烈的领带，以彰显使用者的青春活力；年龄较大的人宜选用庄重大方的花型；女性宜选用素色的领带。

（2）应该注意领带和西装配色的协调性。例如，黑色、棕色西装配银灰色、蓝色、乳白色、蓝黑色条纹、白红条纹的领带，显得庄重大方；深蓝色、墨绿色西装配玫瑰红色、蓝色、粉色、橙黄色、白色的领带，有深沉的含蓄之美；褐色、深灰色西装与蓝色、米黄色、豆黄色的领带配伍，有秀气、飘逸的绅士风度；银灰色、乳白色西装配大红色、朱红色、海蓝色、墨绿色、褐黑色的领带，可给人飘逸、文静和秀丽的感觉；红色、紫红色西装配乳白色、乳黄色、米黄色、银灰色、翠绿色和湖蓝色的领带，有典雅、华贵的效果。

（3）领带必须与使用者的体型、肤色相匹配。高个子应系朴素大方的单花领带；矮个子宜系斜纹细条的领带，可使身材显得高一些；体胖的人宜系宽领带；脖子长的人宜系大花领带，而不宜戴蝴蝶结；脸色红润的人宜系黄素色绸布料的软质领带；脸色欠佳的人宜系明色的领带。

总之，选用领带应围绕装饰性原则来进行，以达到锦上添花的效果。

领带的保养也很重要。任何质料的领带脏了，只能干洗而不能水洗，因为领带的面料和里料不一样，下水后会褪色或缩水，从而引起领带变形。熨烫时，可用熨斗不加垫布进行明熨，但宜采用中低温度，熨烫速度要快，以免出现泛黄和“极光”现象。

4. 领带的系法

领带的系法主要有以下9种。

（1）平结：平结（图3-6）是男士选用最多的领带系法之一，

几乎适用于各种材质的领带。

(2)双环结：双环结(图3-7)颇能营造时尚感，适合年轻的上班族选用，其特点是第一圈会稍露出于第二圈之外。

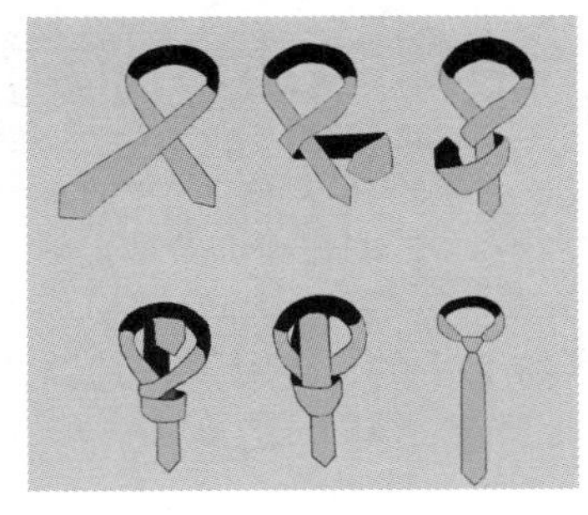
图3-6　平结

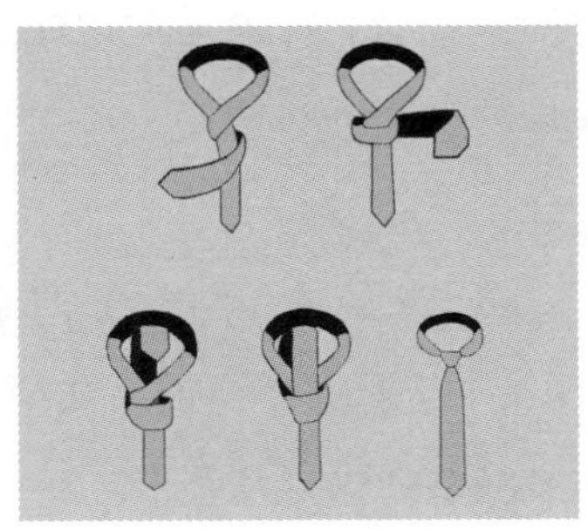
图3-7　双环结

(3)温莎结：温莎结(图3-8)适合用于宽领型的衬衫，结应多往横向发展，应避免选用材质过厚的领带，结也不宜打得过大。

(4)交叉结：交叉结(图3-9)适合颜色素雅且质地较薄的领带，感觉非常时髦，特点是打出的结有一道分割线。

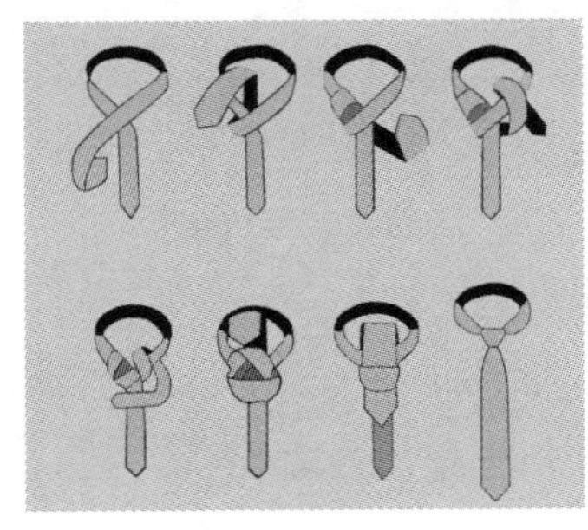
图3-8　温莎结

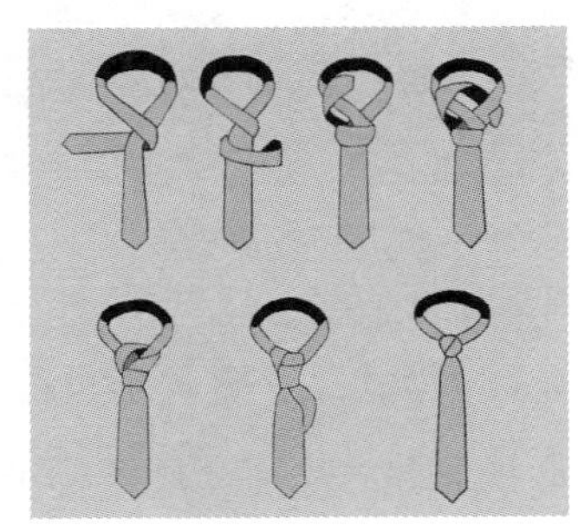
图3-9　交叉结

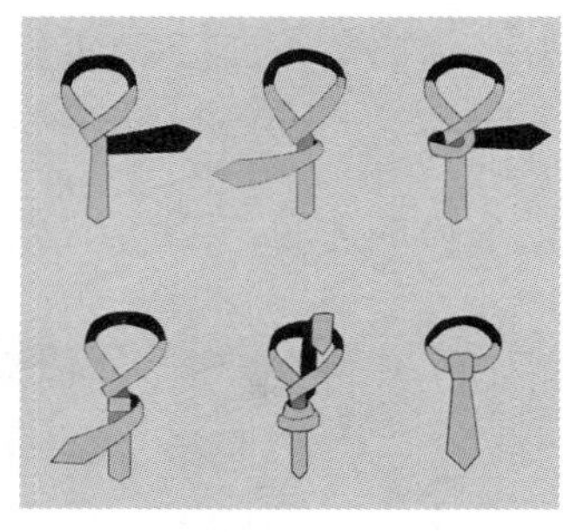
图3-10　亚伯特王子结

（5）亚伯特王子结：亚伯特王子结（图3-10）适用于浪漫扣领及尖领系列衬衫搭配浪漫柔软的细款领带，要诀是宽边先预留较长的空间并在绕第二圈时尽量贴合在一起。

（6）四手结（单结）：四手结（图3-11）是所有领带系法中最容易上手的，适用于各种款式的浪漫系列衬衫及领带。

（7）浪漫结：浪漫结（图3-12）是一种完美的结型，通常适用于各种浪漫系列的领口及衬衫。

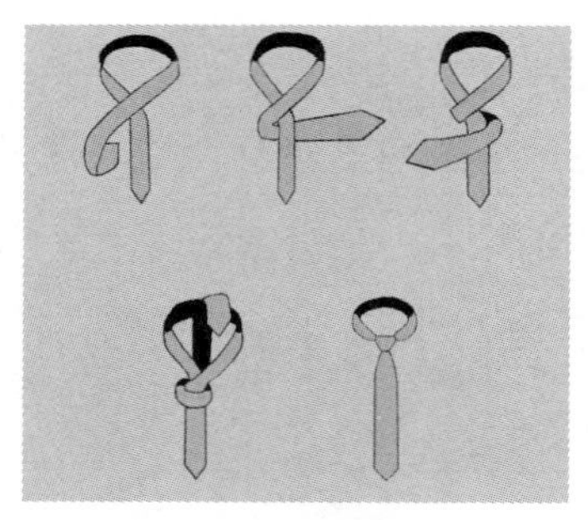
图3-11　四手结

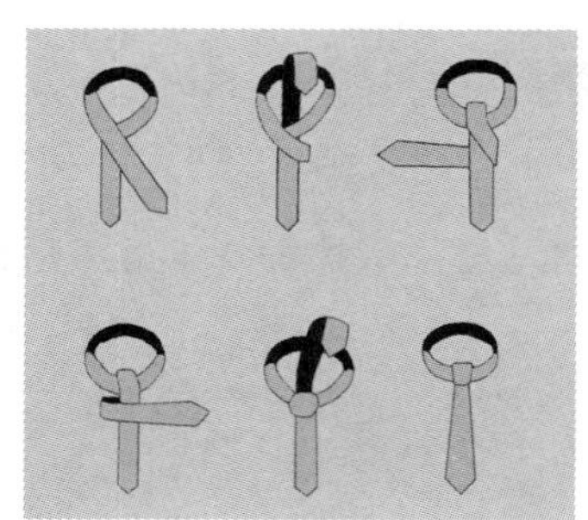
图3-12　浪漫结

（8）简式结：简式结也称马车夫结（图3-13），适用于质料较厚的领带，最适合用于标准式及扣式领口及衬衫。

（9）十字结：十字结（图3-14）也叫半温莎结，十分优雅，其打法亦较复杂，使用细款领带较容易上手，最适合用于浪漫的尖领及标准式领口系列衬衫。

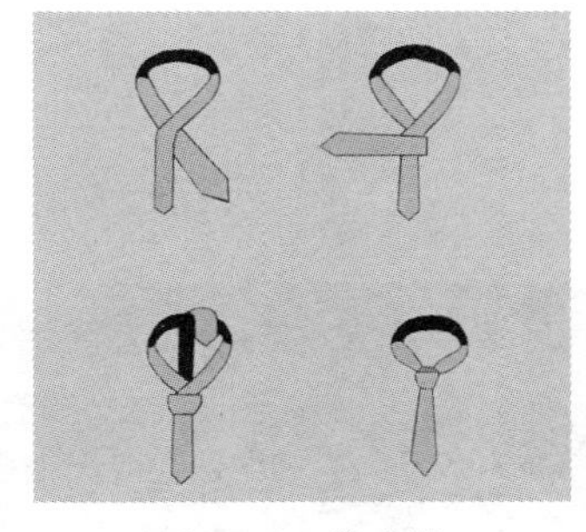

图3-13 简式结

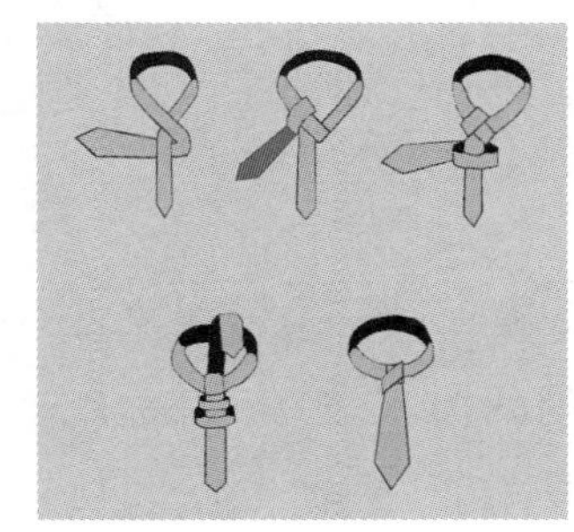

图3-14 十字结

5. 领结

领结是一种衣着服饰，通常与较隆重的衣着如西装或礼服一起穿着。领结是由一条布料制造的丝带，对称地结在衬衫的衣领上，使两面的结各形成环状。领结起源于17世纪欧洲战争时期的克罗地亚雇佣兵，他们使用丝巾围绕颈部以固定衬衫的领口，这种方法逐渐被法国上流社会所采用。据说，在17世纪中叶，法国有一位大臣上朝时在脖领上系了一条白色围巾，还在前面打了一个漂亮的领结，路易十四国王见了大加赞赏，当众宣布以领结为高贵的标志，并下令上流人士都要如此打扮。

在正式场合的晚宴中需要佩带领结，但却并不一定是黑色的，其他颜色亦可。在流行文化中，有时领结被视为一种有内涵的象征。

六、胸罩

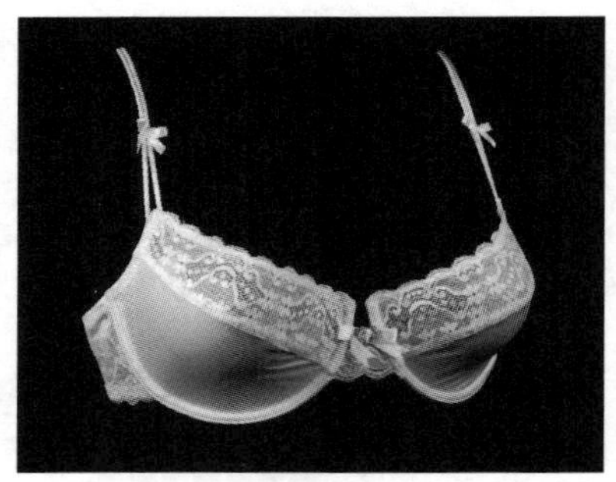
图3-15　胸罩

胸罩（图3-15）是女性使用的内衣之一，又称乳罩、奶罩、文胸，有时也以泛称“内衣”来指代，其功能是用以遮蔽及支撑乳房，是女性美体修型的重要服饰之一。

1. 胸罩的由来

女性使用饰物遮蔽和保护乳房的历史非常久远。早在古希腊时代，女性就已使用毛织的窄带紧束前胸以美化乳房的造型。在古罗马陶瓷器皿上的图案中，也可以看到围着“胸带”使乳房挺起的女性形象。在我国古代，妇女多用布帛条子束胸或穿紧身小袄，以衬托胸部的健美。

1859年，现代胸罩的雏形出现，当时一个名叫亨利的纽约布鲁克林人为自己发明的“对称圆球形遮胸”申请了专利。1907年，“胸罩”一词第一次出现，那年美国版的时尚杂志

《VOUGE》印有“bra”（胸罩），这个词于1911年被正式收入《牛津词典》。1913年，美国的克罗斯比夫人用两条手帕缝成背后用布带系住的第一副胸罩。

1914年，美国人玛丽·菲利浦·雅各布女士申请了“无背式胸罩”发明专利。她发明的胸罩是用两块手帕和粉红色缎带合起来制作而成的。这个胸罩在问世之初并未受到广大妇女的重视和欢迎，直到第一次世界大战开始，它才逐渐普及起来。究其原因，在当时大批成年男子被征兵开赴前线，农村女子不得不代替男子从事农业劳动，城市女子也大批进入工厂做工。此时，女性感到戴上胸罩后更便于劳动，于是胸罩便大为流行起来。后来，美国媚登峰（Maidenform）内衣公司总裁柯勒曼夫人发明了能突出乳房的圆锥形胸罩，使胸罩在全美迅速流行。

在胸罩开始流行时曾遭到过医生的反对，他们认为给予乳房以压力对健康不利。为此，购买玛丽专利的奥纳兄弟公司专门请专家进行了研究和论证，结论是只要尺寸合适，佩戴科学，胸罩对身体无害。现在，胸罩几乎已成为每个女性的必需用品。

2. 胸罩的功能

胸罩的功能主要表现在以下几个方面。① 保护作用。女性的乳头是非常娇嫩和敏感的，直接与内衣接触会产生刺激感和疼痛感，甚至造成乳头破损。戴上胸罩，对乳头与衣物之间的摩擦可产生“缓冲”作用，并有保护乳房不受外力伤害的作用。② 支撑作用。戴胸罩可以使乳房获得相对的固定和外在的支托，不产生过分的下垂，这样可使女性在运动和劳动时不感到累赘而有舒适感。③ 防止乳房疾病的发生。女性在活动时，乳房会发生上下波动，如果没有胸罩的承托就会使乳腺因受力不均匀而出现血液循环不畅等问题，可能因乳腺血液壅滞而引发各种乳房疾病，戴胸罩可使乳腺组织的血液和淋巴循环畅通。④ 保暖作用。特别是在严寒的冬天，戴胸罩可以防止因乳房受凉，冷风钻进肌肤而造成的各种不适。⑤ 促进发育作用。对于正值青春期的女孩，戴胸罩有促进发育的作用。⑥ 塑形作用。胸罩可以弥补女性形体上的缺陷，调整乳峰的高度和位置，使身体的线条优美。

3. 胸罩的种类

胸罩的种类繁多，款式和外形更是花样百出，可根据罩杯、款式和质地分为三种类型，而每类中又可分为不同小类。

（1）按罩杯可分为1/2罩杯的胸罩、3/4罩杯的胸罩和全罩杯的胸罩。① 1/2罩杯的胸罩呈半圆形，能够包住一半的乳房，戴上这种胸罩后，不仅无法清晰地看出胸部的轮廓，而且还容易造成胸部下垂或者外扩，甚至还会形成副乳，会影响乳房的美观与健康。② 3/4罩杯的胸罩要比1/2罩杯的胸罩略大一些，能够将乳房包住一大半，且两侧具有内收的效果，可将乳房集中托高并形成乳沟，即使是乳房下垂或者乳房较小的女性也能够穿出性感丰胸的效果，且乳房不会有任何压迫、拥挤和不舒适感。③ 全罩杯的胸罩是一种可完全将乳房包裹起来并纳入罩杯之中的胸罩，它具有较强的提升与稳定的效果，非常适合乳房丰满、乳房下垂及乳房外扩的女性佩戴。

（2）按款式可分为无缝胸罩、立体围胸罩、前扣胸罩和长束型胸罩。① 无缝胸罩，又称无痕胸罩，与传统的胸罩相比，最大的优势在于它能够消除胸罩对乳房产生的五大压力点。它具有较好的贴合性，不仅材质柔滑轻薄，而且从罩杯到胸罩带完全“一气呵成”，在减少对乳房压力的同时，更能展现现代女性玲珑有致的曲线美。② 立体围胸罩是在罩杯内侧缝制一个袋子，佩戴时可在袋子中放入小水袋以及薄棉垫，其作用一是可以起到托高胸部、防止胸部外扩的作用，二是在罩杯内装入水袋后流动的水流能对乳房起到摩擦的作用，不仅可以有效地增加血液循环，而且还有促进胸部发育的作用。③ 前扣胸罩与传统胸罩的不同之处是将胸罩的扣子从背后“请”到前胸鸡心处，使胸罩的佩戴更为方便。④ 长束型胸罩的特点是将胸罩与紧身衣结合为一体，通常下端长度可达到腰部，可将腰、背部的赘肉全部收拢，这对纠正体形、矫正身姿具有一定的效果，但由于这种胸罩过于紧绷，容易引起胸闷、呼吸困难等不舒适感，对健康也会产生一些不利的影响。

(3) 按质地可分为纯棉布胸罩、涤纶胸罩和莱卡胸罩。①纯棉布胸罩的面料纯棉布具有吸湿吸汗好、透气散热、质感舒适等许多优良性能，而且不粘皮肤，非常适合保护皮肤娇嫩的乳房和乳头，不会因为运动或劳动而对乳房产生摩擦，引起刺激而产生不适感。②涤纶胸罩的面料涤纶织物虽具有易洗快干、不易变形、挺括等优点，用它制成的胸罩能够使扁平的乳房显得丰满挺拔，但涤纶面料对乳房的皮肤会产生较强的刺激性，容易导致乳腺炎和乳腺增生等乳房疾病。③莱卡胸罩的面料莱卡是氨纶的商品名，是一种弹性极强的弹力纤维，即使被拉伸至原长4～7倍也能立刻恢复原长，而且不会产生任何松垮感，用这种纤维加工成的面料制成胸罩，不仅具有良好的贴合性，而且佩戴者会感到很舒适。

4. 胸罩型号

在选购胸罩前应当先测量两个尺寸，一个是下胸围尺寸，另一个是上胸围尺寸。下胸围又称最小胸围，在测量时应紧贴着乳根下缘绕胸一圈；上胸围又称最大胸围，测量时紧贴两乳头绕胸一圈。用上胸围的尺寸减去下胸围的尺寸，根据二者的差值（胸围差）就可以确定罩杯级数（表3-1）。

表3-1　胸罩罩杯级数的确定

序号	胸围差 / 厘米	宜选择的罩杯级数
1	<9	A 杯
2	9 ~ 12.5	B 杯
3	12.5 ~ 17	C 杯
4	17 ~ 20	D 杯
5	20 ~ 23	E 杯
6	23 ~ 26	F 杯
7	>26	G 杯

例如，某女士的下胸围尺寸为80厘米，如果乳房丰满，应当选择80D 或80E 的胸罩型号；如果乳房比较小，则应当选择80A 或80B 的胸罩型号。

5. 戴胸罩的注意事项

(1) 开始戴胸罩的时间不宜过早。女性开始戴胸罩的时间并非越早越好。根据国内外专家的研究结果，戴胸罩的时间不应与年龄挂钩，而是以乳房的发育程度为标准。如果乳房发育较早，那么戴胸罩的时间就应当相应提前；反之，如果乳房发育较晚，则戴胸罩的时间就应当晚一些。一般少女在10岁前后乳房开始发育，经过4 ~ 5年的发育，乳房会基本定型。如果在发育期间过早佩戴胸罩，易限制乳房正常发育，导致乳腺功能退化，乳房变形，甚至影响日后的哺乳。因此，在青春发育期间应尽量少戴胸罩。一般情况下，在15岁左右乳房发育定型后就可以戴胸罩了。

(2)胸罩不宜过小。有些年轻女性或少女对胸罩的穿戴存在明显的认识误区，认为乳房过于丰满使胸部明显突出有些不雅观，于是就用小号的胸罩将乳房紧紧地“包裹”起来，甚至将乳房勒平。也有的女性认为，穿戴小号的胸罩可使乳房变得更加聚拢而挺拔，从而显得挺翘性感。其实这些观点都是不正确的，因为只有丰满的乳房才能真正体现女性的特殊曲线美，而且丰满的乳房更是女性健康的标志，是女性健美的视觉反映。胸罩过小的危害主要表现在以下几方面。① 在青春期过分压迫乳房和胸部，会对乳房的发育造成不良影响，易造成乳房扁平、乳头内陷等，从而抑制乳汁的分泌，对日后的哺乳造成严重的影响；如果在发育期间采用束胸的手段，在一定程度上会抑制胸骨的扩张，使肺部的发育受到阻碍，从而使肺部缺少足够的空间而影响到肺功能，导致身体缺氧，引发各种病症。② 经常穿戴过紧的胸罩会造成良性表浅血栓性静脉炎，一般会有发红、灼热、肿胀反应，用手压迫会有明显的疼痛感，这对生活、工作和学习会带来一定的影响。③ 长期佩戴过紧的胸罩，乳头与胸罩发生摩擦，容易造成产妇的乳汁淤积，严重者会造成乳腺发炎，发生乳腺增生疾病甚至乳腺癌病变，给健康带来严重的后果。④ 在运动时为了防止乳房上下活动而束胸，容易出现胸闷、气急、昏厥的现象，严重时还会发生猝死。

⑤ 过分束胸会严重影响乳房的血液循环，不但影响乳房的正常发育，造成血淤，甚至会造成包块、结节进而产生癌变。由此可见，束胸尤其是过分束胸是有害的，不但不会使身材更加迷人，而且还会给身体带来各种健康隐患，这是值得爱美女性注意的。

当然，如果长期佩戴型号偏大的胸罩，在运动或劳动时会失去对乳房的支撑和保护作用，也同样会影响乳房的健康。

6. 根据乳房类型选择胸罩

要在款式繁多的胸罩中找到适合自己的胸罩，应当先了解自己的乳房属于哪一种类型。根据乳房隆起的程度，大体可以分为扁平型乳房、半球型乳房、圆锥型乳房、下垂型乳房等几种类型。

(1) 对于扁平型乳房的女性，为了使扁平的乳房能够挺翘耸立起来，应该选择带有棉垫内衬的1/2罩杯或3/4罩杯的胸罩，这两种胸罩能够将外扩的乳房"收"回原位，使乳房挺拔而不拘束。如果选择带有钢圈的胸罩，最好在钢圈的部分放入一个棉垫内衬，不仅可以起到内收的作用，而且还可防止钢圈对乳房产生不良的刺激作用。

(2) 对于半球型乳房的女性，在选择罩杯时应注意，1/2罩杯的胸罩是无法承受乳房之重的，不能起到承托的效果，而3/4罩杯或全罩杯则能够胜任，并可避免乳房上溢及乳房松弛等问题。侧部带有拉架等设计的胸罩则可以将乳房更好地固定，使乳房坚实、挺拔。如果再加上钢圈设计，则更可以将乳房有效地托起，曲线美更为突出，看上去精神抖擞、婀娜多姿、美丽动人。对于乳房丰满但有外扩的女性来说，最好选择包容性较强的前扣式罩杯；乳房属于丰满高耸型的女性，则宜选择无钢圈且弹性较好的罩杯。

（3）对于圆锥型乳房的女性，选择佩戴3/4罩杯的胸罩能够将圆锥型乳房向内收起，并向上托起，可形成迷人的乳沟。不要认为乳房小就只能穿戴型号较小的胸罩，大一号的胸罩可以给乳房留有“活动”的空间，使乳房能够按照胸罩的罩杯朝合适的空间发展。一般而言，娇小的圆锥型乳房适宜选择功能性胸罩，例扣，选用带有按摩胸垫的胸罩、长束型胸罩等健胸型款式能够对乳房起到按摩的作用，可以促进乳房的血液循环，并可起到促进乳房发育的作用。

（4）对于下垂型乳房的女性，应选戴大一号的胸罩。如果穿带有钢圈或者两侧有松紧带等加强功能的胸罩可以将乳房从下向上托起，将乳房提升到标准高度。佩戴1/2罩杯或3/4罩杯的胸罩，可将下垂的乳房向上托起；全罩杯的胸罩包容性更大，能够将乳房托起并牢牢地“锁定”在胸罩内。如果是无钢圈设计的胸罩，最好选择下部有半月形棉垫设计的胸罩，也可以选择有胸裆线设计的胸罩，这两种设计均能起到与钢圈相同的作用，能更有力地支撑起下垂的乳房。

7. 根据肩型选择肩带

除根据自己的乳房类型选择合适的罩杯外，还要根据自己的肩型选择合适的肩带。肩带与罩杯一样，二者都是胸罩设计中非常重要的一部分，在选购胸罩时应特别注意。合格的胸罩肩带不仅可提升美丽，而且对提拉乳房起着重要的作用。有些年青的女性只注意到如何避免肩带外露引起的尴尬，却没有意识到肩带对身体健康的影响。医学研究表明，胸罩的肩带过紧、过细，通常会影响到肩颈部的健康，肩膀以及颈椎肌肉与肩带长时间地频繁接触摩擦可能导致颈椎劳损、骨质增生、上肢酸痛、颈椎麻木等。过紧的肩带还会压迫颈部血管、神经，容易造成胸闷、头晕、乏力、恶心，严重时还会出现昏厥；肩带过紧还会造成血液循环不畅，致使输送到大脑以及眼部的营养物质减少，容易造成眼睛疲倦，引发各种眼部疾病。因此，为了有效地保护乳房，避免乳房下垂、上下波动，又不影响身体健康，肩带不仅要有一定的厚度、宽度和紧密度，而且也不能勒得过紧。通常肩带要根据肩型来选择，肩型主要可分为薄肩、厚肩、斜肩和平肩四种类型。

(1) 对于薄肩这种肩型的女性而言，在选择肩带时，宽度应窄一些，应小于1.5厘米，但不宜过分狭窄，否则会影响到颈椎的健康。肩带的设计应当在肩膀中间略靠外侧的位置，这样可增强胸罩提升乳房的稳定性。肩带的下放不宜太多，应尽量贴近乳房的上方。

（2）厚肩这种肩型并不只是身材较丰满者才具有，一些骨架较大的女性的肩膀也会较其他人更厚一些。对于肩膀较厚且乳房丰满的女性来说，肩带宜选择较宽一些的，宽度在1.5厘米左右较为适宜，这样可让肩膀彻底享受到放松和舒适的感觉。肩带的质地应当坚实、富于弹性，这样可不受厚肩膀的影响而将乳房托起。肩带的设计应在肩膀中间靠内一些的位置，以防滑落。

（3）对于斜肩这种肩型的女性而言，最好选择稍宽一些的肩带，以避免在佩戴过程中肩带滑落。肩带的设计宜在肩膀正中的位置，偏外侧或者偏内侧均会影响到肩膀的舒适性。佩戴上胸罩后，肩带应当位于前后锁骨交叉的位置。

（4）平肩，俗称一字肩，肩膀较平。对于肩膀较宽的平肩这种肩型的女性而言，在选择肩带时，不必担心肩带的滑落问题，只需将肩带在肩膀上稍加调整即可。

8. 胸罩的佩戴方法

胸罩选对了，还要有正确的佩戴方法，否则功能再好的胸罩也无法起到保护乳房的作用，甚至给健康带来一定的危害。下面简要地介绍四种正确佩戴方法。

（1）第一种是后扣式胸罩的戴法。第一步，先将上身稍稍向前倾，双臂穿过胸罩的肩带，然后用双手托住胸罩的底部，从腹部缓慢地移至乳房的根部，将乳房完全置入罩杯内。第二步，双手沿着胸罩的底部边向两侧滑至背后将搭扣扣好，然后将上身向前倾至约45°，左手托住左侧乳房下缘，再用右手将右乳房及其周围的肌肉推进罩杯内，随后换成另一侧重复相同动作。最后调整肩带的长度和松紧度，使胸罩的搭扣位于肩胛骨的下方，此时胸罩的底端就可紧贴乳根部位。

（2）第二种是前扣式胸罩的戴法。第一步，先将上身略微向前倾，将胸罩虚戴在身上。第二步，用双手握住胸罩的底边，按照从下至上、从外至内的方向将乳房完全置于罩杯之中，并扣好前扣。第三步，用左手托住左侧乳房的下缘，再用右手调整乳房及周围的肌肉，并使乳头位于罩杯的顶点，换成另一侧重复做相同的动作。第四步，扣好纽扣后，将左右肩带轻轻向上拉，调整至最舒适的位置。最后检查胸罩下围是否平整伏贴，前后高度是否一致。

（3）第三种是无肩带式胸罩的戴法。第一步，将身体略向前倾，将乳房置入胸罩的罩杯后扣上搭扣。第二步，继续将身体向前倾至45°，用一只手托住乳房的下缘，另一只手将多余的肌肉聚拢至罩杯内。最后站立身体稍微活动一下，以确保胸罩罩住乳房不会移动。

（4）第四种是隐形胸罩的戴法。第一步，将一个罩杯向外翻，并将罩杯向下紧贴于乳根处，用手指尖轻轻地将罩杯翻起的边缘抹平，使其完全贴附于乳房，再换另一侧乳房重复相同手法，并确定两边高度一致。第二步，将右手虎口张开，四指并拢，食指按压住左侧隐形胸罩的左斜下缘，拇指按在同侧的右斜上方；左手采用同样的手法，四指并拢按压于胸罩的鸡心位置，拇指按压于左斜上方，按压数秒钟后，换成另一侧重复相同的动作。

9. 对胸罩的异议

虽然很多女性认为，佩戴胸罩可使胸部变得更加坚挺和健康，但也有人提出异议，认为不戴胸罩乳房会更挺拔，认为从医学、生理学、解剖学的角度看，乳房不会因为胸罩的束缚而受到保护，相反，乳房的软组织可能会因此出现萎缩。时下，有越来越多的女性逐渐认识到不戴胸罩的好处。欧美国家一些女性保健机构给出了不戴胸罩的三大理由：舒适，降低患病风险，自然展示女性美；同时，这些机构还号召女性在睡觉时将胸罩脱下，让乳房的血液循环保持畅通，并建议在休闲时，只要舒适，就可以不戴胸罩。因此，为胸部“松绑”正逐渐成为当代女性崇尚的新潮流。

当然胸罩是继续服务于女性，还是“退休”，目前还没有最后的定论，就让时间来给出答案吧！

七、腰带

腰带（图3-16）是指用来束腰的带子，亦称裤带。腰带的起源可追溯到人类在“茹毛饮血”的原始时代穿兽皮披树叶时所用的绳带，可以说腰带几乎是与衣服同时出现的。

图3-16　腰带

在中国古代，腰带最初被称为衿，这是因为中国早期的服装多不用纽扣，只在衣襟处缝上几根小带用以系结，而以“衿”称谓这种小带。《说文·系部》云：“衿，衣系也。”段玉裁注：“联合衣襟之带也。今人用铜钮，非古也。”说的就是这种情况。后来逐渐形成大腰带（又称大带或绅带）和裤腰带（简称腰带）两类，大腰带用于束缚外衣，主要起美饰作用；腰带用来束紧裤腰或裙腰，主要起实用作用。腰带的材质或以各类纤维为之，或以皮革为之（俗称皮带）。

1. 腰带的功能

从古至今，腰带在服饰中一直是不可或缺的，其功能主要表现在以下四个方面。

（1）一是礼仪功能。以中国古代为例，中国古代服饰对腰带是非常重视的，因为不论官服还是便服，在腰间都要束上一带，天长日久，腰带便成了必不可少的一种饰物，并形成上自天子下至士庶不同等级的腰带形制。《礼记 · 玉藻》中有周代腰带形制的记载："大夫素带，辟垂；士练带，率下辟；居士锦带；弟子缟带。"又有："大夫大带四寸……天子素带，朱里，终辟。"郑玄注："大夫以上以素，皆广四寸；士以练，广二寸。"甚至对带子系结后下垂部分（称为"绅"）的长短尺寸也有规定："绅长制，士三尺，有司二尺有五寸。"后人称乡邑贵族或官吏为绅士，就是由此引申而来的。

下面的两则记载尤能说明古代服饰中腰带的礼仪功能。欧阳修所著《归田录》记载，宋太宗夜召陶谷，陶谷见到太宗后止步而立，不肯进前。太宗意识到这是因为自己没有束带的缘故，于是令左右取来袍带，匆匆束之。陶谷见皇帝束上了腰带，这才行君臣之礼。可见，皇帝召见大臣时不束腰带是失礼的行为。不仅君臣之间如此讲究，注重操行的人之间也如此。《南齐书》记载，刘瓛、刘琎两兄弟方正耿直，立身操守不相上下。有一天兄刘瓛夜晚隔墙喊刘琎进来聊天，刘琎迟迟不答话，直待下床穿好衣服站立后才答应。刘瓛问他怎么那样久才答应，刘琎说刚才穿衣结带没好。连兄弟之间夜里见面说几句话，都必须整衣束带，否则就觉得有失礼貌，古人对腰带的重视由此可见一斑。

（2）二是实用功能。系腰带可以防止衣、裤、裙松散、脱落或飘拂，使行走、劳动、运动方便利索，保持衣着的整体效果。此外，腰带还可以防止腰部扭伤。一些练武功者、杂技演员和运动员（如举重运动员等），都要在腰间系一根很宽的腰带，这是因为人的胯上肋下部分是由几块脊椎骨组成的，并由多条肌腱连接起来，所以人的腰部呈前弯后仰的姿态，左右转动非常灵活自如，但是腰部的肌肉和肌腱却十分"娇气"，稍不注意，很容易撕裂或扭伤。腰部是劳动或运动时承受力的支点，即最吃力的部位，如果用力不当，很容易把腰扭伤。如果系上腰带，特别是宽腰带，能够对腰部起到支撑保护作用，可减少腰部的扭伤。

（3）三是保健功能。腰带的保暖作用是不言而喻的，在冬季服装设计时，如能加上一根腰带，不仅可以保暖，而且还可以使穿着者显得干净利索、精神抖擞。要注意的是，系腰带时不能把腰勒得紧紧的成为"蜂腰"，"蜂腰"虽然可使体型显得"健美"，但对身体健康是有害的，以健康去换取"健美"是得不偿失的，是不可取的。人体腹腔的下半部是肠子，肠子不断蠕动，才能很好地消化各种食物，把腰勒得过紧，犹如把肠子捆住一样，不利于肠子的蠕动。不仅如此，勒腰过紧还会把肠子挤到上腹部，使胃、肝、脾等内脏受到压迫，妨碍血液的正常流通，会大大影响整个消化系统的正常功能。

（4）四是美饰功能。在现代生活中，服装设计师在设计服饰配套时，越来越重视腰带的美饰功能。流行的时装腰带新颖别致、变化多端，有的在腰间用轻软的绸料箍绕2周，再在腰侧或后面扎结；有的用染色的皮革制作；有的用发光的金属片、珠片或塑料配件编串而成；有的则是一根粗丝绳。比如，年轻漂亮的姑娘穿上一件流行的宽松型羊绒（或羊毛）衫衣裙套装，腰间再系上一条漂亮的腰带，就会显得更加婀娜多姿。事实上，不论是男还是女，穿衣打扮时在挺括的衣着上配上一根俏丽而合适的腰带，都会使穿着者的体态与仪表显得更加美丽，现已成为服装配套的一个重要组成部分。一件合适的时装配上腰带会使人体外形富有曲线美，看上去精干利索，充满生机活力。系腰带的部位可上可下，这能使人体的比例得到调节，增添美感。所以，有人把腰带称为“时装的彩虹”，一点也不为过。

2. 腰带的选择

腰带的材质很多，有各种皮革、人造革、棉织物、麻织物，也有少数是用金属做成的。它们形式多种多样，有宽有窄，有软有硬，各有优缺点。选用时既可随季节变化，也可根据实际需要。应根据身材合理地选用腰带，一般而言，胖人宜用窄腰带，瘦人宜用宽腰带，不胖不瘦的人宜用中等宽度的腰带，这是选择腰带宽窄的一般原则。

腰围较粗的人，如果出于矫正体型的目的，可选用又宽又硬的腰带；如果出于美观的目的，则要选用较细的腰带，或是色彩比较显眼的腰带，可使人显得苗条。身材纤瘦、腰节偏低的人，使用加宽或特宽的腰带能显得挺拔俊秀。

腹部比较丰满的体型，可选用两侧宽、前面细的曲线腰带，即使不用复杂的饰扣，也能减弱腹部突出的视觉效果，看上去更年轻俏丽。对于腹部比较平坦的青年人，如果使用一条两侧窄而前后宽的腰带，再在腰前扎一个蝴蝶结，就会在妩媚之中透出天真活泼。

身材较高大的人，可采用宽腰带，也可使用重心下移的三角形腰带，并使腰带和裙子的颜色形成对比色，目的在于强调上下的分割线，可呈现人体的协调美。身材比较矮小的人，适宜采用细腰带，可使身体有修长的视觉效果，而且腰带的颜色应与裙子的颜色以同色系相配，这样效果更佳；如果采用宽腰带，则会使人产生横阔的感觉，不会给人带来美的感受。

在儿童服装中，腰带的合理使用可延长服装的穿着时间。童装总会做得宽松一些，系上腰带后就不会显得过于肥大，随着儿童的长大，腰带可以逐渐放松，而服装也会逐渐合体，这样便可延长穿着时间。

八、手帕

手帕（图3-17）是纺织品中的一种供装饰和生活用的随身携带的小商品，俗称“手绢”“手巾”，是用于擦手、擦脸的方形织物，其历史悠久，是全球男女老幼都喜欢使用的日常生活用品。

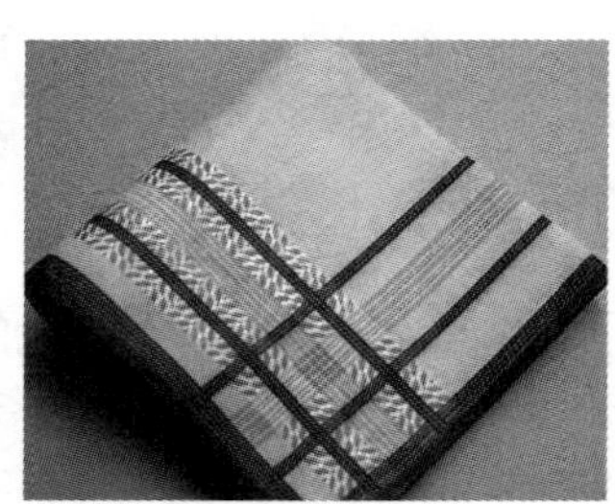

图3-17　手帕

1. 手帕的由来

手帕的出现可追溯到原始社会时期，是由当时丛林中的原始人首创的，那时的手帕是缚在小棍上的一段豺尾，具有扇子（用来扇凉风和驱虫）与手帕的双重功能。古埃及尼罗河流域的手帕是用蒲草编织而成的，挥汗不止时可用它拂拭；在炎炎烈日下也能遮在头上以蔽骄阳。古希腊和古罗马时期手帕有了发展，一般都是采用亚麻布制作的，人们常将手帕塞在腰带内作为装饰品，也有的将手帕握在手中，在外出散步时用来显示悠闲自得的风度，或在欣赏音乐时随着乐曲挥动手帕，翩翩起舞。到了17世纪，手帕做得异常精致，并开始登上大雅之堂进入皇宫，特别是在法国甚为流行，一些宫廷显贵、名门望族之士乃至闺阁名媛纷纷用手帕来装饰自己，他们所使用的手帕大多用金箔薄片镶边，珍贵珠宝点缀其间，而普通平民百姓则与手帕无缘。

我国是文明古国，也是世界上最早生产纺织品的国家之一，被世人誉为“衣冠王国”的中华文明古国创造了辉煌灿烂的服饰文化，手帕的历史也很悠久。在先秦时代出现了“巾”，这是我国出现最早的手帕。在由建安末年（公元2世纪）民间歌曲改编而成的《孔雀东南飞》中载有“阿女默无声，手巾掩口啼，泪落便如泻”的诗句，显然诗中所说的手巾就是人们用来擦眼泪的手帕。南朝宋（公元5世纪）刘义庆所撰《世说新语·文学》中记有“谢（谢尚）注神倾意，不觉流汗交面，殷（殷浩）徐语左右，取手巾与谢郎拭面”。手帕的名称出现在唐朝，唐初诗人王建在《宫词》中有“缠得红罗手帕子，中心细画一双蝉”的诗句。北宋司马光所撰《资治通鉴·梁敬帝绍泰元年》中，也有“霸先惧其谋泄，以手巾绞稜”的记载。随着时代的前进，手帕不仅可以用来擦泪、擦汗，而且具有了浓郁的审美情趣，古代一些女子常把手帕作为装饰品或是某种象征。在明朝中叶以后，一些女子常把深交的女友称为“手帕姐妹”，如清代戏曲作家孔尚任1699年完成的剧本《桃花扇》第五场《访翠》中云：“相公不知，这院中名妓，结为手帕姐妹，就像香火兄弟一样。”

2. 手帕的各种用途

在不同时期、不同的国家和地区，手帕有各种各样的作用、含义和情趣。在美国，无花的白色或淡色手帕最为流行，青年男子都喜欢将这种手帕作为爱情礼物赠送。在英国，手帕除了一般用途外，还经常把制作讲究的麻织物手帕放在西装左上方口袋里，让它略露出一个小角来，当作一种高雅的装饰。在日本，手帕除了用于擦汗、擦眼睛、擦嘴、擦手或在用餐时铺在膝盖上阻挡油点和菜汤以免玷污裤子，有些地方还在手帕上印外语单词，以此代替外语单词卡片，既方便携带，又便于复习，据说这种手帕非常畅销，深受青年学生和外语学习者的青睐。在西班牙，有一份名叫《手帕周报》的报纸，别出心裁地把每周的重要新闻印在手帕上，人们购买后可以阅读新闻，读完新闻即可洗掉手帕上的字，使《手帕周报》还原成实用的手帕。在我国，也有人在手帕上印各种图案比如卡通、地图或者年历，但不能洗掉，受到人们的喜爱。

一些时尚的女士还用特殊规格的花式手帕来包头或作围巾，一些花季少女或少妇也把花手帕用来结扎长发，具有工艺美术品特色，富有装饰性，可显示青春女性的活泼可爱，简单的一个结就能起到一种特殊的画龙点睛的装饰效果。

3. 手帕的种类

当今的手帕主要包括织造手帕和印花手帕两大类，还有通过手工绘画、刺绣、抽纱等制成的工艺美术手帕。一般选中细支纯棉纱织造，高档产品选用长绒棉精梳纱，少数品种采用蚕丝、麻纱、棉麻混纺纱或涤棉包芯纱等为原料，采用平纹、斜纹、缎纹、提花、剪花、纱罗等多种组织织造。织物经烧毛、退浆、漂白、丝光、上浆加白整理成光坯，然后经开料缝制而成手帕，也有采用毛巾组织织制的“毛巾手帕”。手帕的一般特点是布面平整细洁，手感滑爽，细软吸湿，外观优美等。

按手帕的使用对象，可分为男式、女式和童式，一般规格尺寸为男式36～48厘米，女式25～35厘米，童式18～25厘米。手帕的边形有狭缝边、阔缝边、锁边、月牙边（水波边）、手绕边等多种。狭缝边用于普通手帕，月牙边多用于女式手帕，锁边、阔缝边常用于高档男式手帕，手绕边多用于绣花手帕。

手帕虽小，但花式品种繁多，如织条、缎条、提花、织花、剪花、纱罗、双层、绣花、抽绣、印花、手绘等品种，现分别介绍如下。

（1）织条手帕：一般以棉纱为原料，用平纹组织制织，按设计要求将纱染成各种颜色，配置在经纬向不同部位，形成经纬对称的彩条方格，不同色泽交织形成中心底色。它具有色彩层次清晰、主色条格鲜明、质地稀薄、布面平整光洁的特点。

（2）缎条手帕：采用42英支普梳纱或60英支精梳纱，以平纹组织为基础制织而成，在四周配以不同色泽和根数的缎条纹，缎条丰满而富有光泽，突出于手帕的四边，使织物更显柔

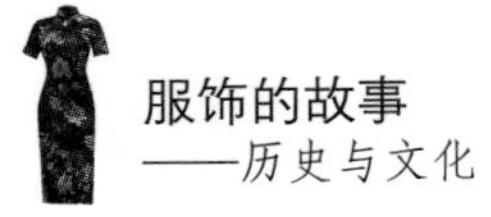

软滑爽，细致高雅而具有一定的特色。也有在缎条手帕上再加印花，甚至将花型图案印制在缎条上的，就成为高档缎条印花手帕。

(3)提花手帕：它是在缎条手帕的基础上，在四边或经向两侧配以丰富多彩的色彩和各种花型的提花组织，也有以平纹地全幅提花再在四周配以缎边的。提花图案常用十二生肖动物图案、卡通以及名胜古迹、花卉和体育球类等，这样可达到高雅精致、艳丽夺目的艺术效果。

(4)织花手帕：它是在色织平纹组织的基础上，按设计要求，在手帕的中部和四周选用不同的色纱或金银丝，用加装织带机构的提花机织造而成的。将引纬的小梭子连接在升降梭箱上作短距离的往复运动进行提花，制织出纬组织的浮点花纹，而未织入花纹的多余纬纱则浮在织物的背面，织后将之剪除，故又称挖花织物或浮纹织物，其特点是花纹坚牢，立体感强，别具特色，富有强烈的艺术效果。

(5)剪花手帕：它是在质地稀薄的漂白或深浅色底布上，采用色彩鲜艳的剪花色纱，用大提花或小提花组织制织成仿绣花的花纹。剪花可分为三种：一是经纬向剪花，用经纬纱交织而形成一个特定的花型；二是经向剪花，是在经向的经纱上形成剪花组织；三是纬向剪花，是在纬向的纬纱上形成剪花组织。剪花的花纹都浮在正面的织纹中，每一段花纹间均隔有平纹组织，而剪花色纱则沉在织物的反面，并连接到下一个剪花单元，坯布下机后再将下沉的多余的色纱用手工修剪除去。这种手帕的特点是花型鲜艳，立体感强，反面花纹的边缘还带有绒毛，别具特色。

(6)纱罗手帕：系采用高支纱以纱罗或透明组织制织的具有透空清晰的小提花或大提花花纹的高档手帕。在经纬密度较稀的平纹织物表面形成微小、清晰、匀布的纱孔，纱孔由绞经和地经相互扭转而成，一般在距边12.5 ~ 25毫米(1/2 ~ 1英寸)处配以条格状或间歇条块状的几何纱孔花纹，其地组织为平纹，如果在条格状或间歇条块状的几何纱孔旁再配上缎条或提花，则可制成纱罗缎条手帕或纱罗提花手帕。纱罗手帕的主要特点是多孔、轻薄、透气，具有赏心悦目、华贵典雅、舒适大方的视觉效果。

(7)双层手帕：在平纹底布上加经纬向缎条组织，由表经、里经和表纬、里纬两组各自独立的纱线织成双层组织。表层和里层可以由分散的小结点连接而成，也可完全分成两层，仅由边部连接而成，还可在双层坯布上印制各种花卉图案，制成双层印花手帕。双层手帕的主要特点是织物的经纬密度稀松，手感柔软，吸湿性好，是别具一格的特殊产品。

(8)绣花手帕：系以全棉、苎麻、丝绸为原料织制的一种富有装饰性的手帕，有手绣、机绣和电脑绣产品，也有缝纫机绣和手绣结合或印花与绣花结合的产品。手绣是用全棉丝光线作为主要刺绣线料，采用苏绣、湘绣等精湛的手工刺绣技术，并配以抽绣、嵌线绣和镂空绣等多种工艺形式，直接在高档织造手帕或高支大提花手帕上绣上精致细巧、高贵雅致、美观大方的各种花卉、鱼虫、飞禽走兽等图案，具有形态逼真、色彩层次丰富、立体感强的特点。机绣或电脑绣是用机械刺绣出花纹图案，机绣是先在手帕坯布上刷样定位，再进行刺绣，在加工多色绣花时需要人工换色；电脑绣需先将花型输入电脑，可控制十二只机头同步动作进行刺绣，有五色、七色、九色，可自动换色，自动刺绣行针、密针、插针、满针、镂空针等各种针法的组织花型，其效果可与手绣相媲美。绣花手帕是一种高档而富有装饰性的工艺美术产品，若配以雅致漂亮的包装盒子，是馈赠亲友的高档礼品。

(9)抽绣手帕：抽绣是抽与绣相结合的加工方法，是指在手帕织物上根据花型抽去若干根纱，然后再在抽去纱的位置上穿插一种不同纱线，加以穿、结、轧、补的工艺，如抽五加三、抽三加二、抽后加网等，从而形成梯形、塔形、井形、网形、十字形等花型，由此制成的抽绣手帕是绣花手帕中最高档的一种，常用于女式手帕。一般来说，抽绣所占手帕面积不大，纯属点缀性的装饰，多用于手帕的边框。抽绣所用的线以丝光线为主，也有部分用纱，大多为素色，也有采用同色的。手帕的原料以苎麻为主，也有少量采用全棉。在抽绣苎麻手帕中，中档的称为行丝，高档的称为法丝，前者多为男式手帕，以花和图案为主体，并配以花边；后者则全部采用轧枝绣(嵌线绣)，再配以抽绣边形，其工艺复杂，费工较多。全棉抽绣手帕的工艺较为简单，仅在手帕边缘及一角配以抽绣花型。抽绣手帕的特点是图案简洁，朴素而又不失高雅，极富装饰性。

(10)印花手帕：这是手帕中的一个大类，凡是采用印花的方法，在手帕坯布上印制一定的花型，开料缝制而成的手帕，统称为印花手帕。印花用的坯布有全棉、涤棉和棉麻等，采用平纹、斜纹、纱罗、小提花、缎条等组织织造，缝边一般以狭边、月牙边为主，也有少量高档印花手帕采用锁边、手卷边等。印花手帕品种繁多，有活性染料印花手帕、涂料印花手帕、石印手帕、拔染印花手帕、烂花印花手帕等等。

(11)手绘手帕：这是一种用颜料直接在手帕上由人工绘成各种图案的手帕。手帕所使用的坯布一般为全部细号细布和各种丝绸类织物。在手绘前，一般需将坯布上一层清浆，以防颜料的渗化，稍凉后再用熨斗熨平，即可作画。大多为中国的水墨画，布局一般采用对角花、中心花、边花等数种。构图要分清主次，重点刻画主体景物，还要注意画面的均衡，花枝的穿插要生动而自然，富有动感。同时，还要注意与手帕四边的花纹相协调。手绘手帕不仅具有卫生用品的功能，更具有艺术品的欣赏价值，是人们十分喜爱的高档手帕之一。

(12)毛巾手帕：是指用漂白纱或染色纯棉纱织制成的表面有毛圈的手帕。按毛圈分布可分为单面毛圈和双面毛圈两种。在手帕四周边缘织有平纹组织为条框，经缝边加工成手帕。也可在距边25毫米（1英寸）左右处配置经纬向缎条，制成缎条毛巾手帕。毛巾手帕的主要特点是起毛圈的经纱捻度较少，手感柔软疏松，吸湿性较高，是擦汗、擦手的理想卫生用品。

4. 手帕的使用

每人最好随身带两条手帕，一条用来擦眼睛、擦嘴和擦手，另一条用来擤鼻涕或吐痰，二者各司其职，不可混用。手帕必须保持干净，一定要注意每天换洗。在洗涤手帕时一般应先用开水洗烫（涤棉或丝绸手帕切忌用开水，以免变形），然后用肥皂搓洗，再用清水漂洗干净，晾干，以达到去污灭菌的目的。干净的手帕切忌和钱物放在一起，尤其是不能用手帕代替包布包裹钱币，否则极易将细菌经口、鼻传入体内。在用手帕擦眼睛、嘴和手时，应将折好的手帕打开使用内层，以免与衣服口袋接触的外层将脏物带入人体。人的手整天接触各种杂物，是人体最脏的部位之一，因此，在使用手帕擦手时，应先将手洗干净后再擦，用手帕直接擦脏手是不卫生的，容易传播病菌。还有，切忌使用别人的手帕，特别是不要使用大人的手帕去擦婴幼儿的嘴、脸和手。试验表明，使用两天而未洗的手帕，上面的致病细菌达到20余种，每平方厘米含菌量为5万~8万个，这是一个惊人而可惧的数字。因此，在使用手帕时一定要把卫生与健康放在第一位。

九、手套

手套（图3-18）是人们一年四季皆可使用的服饰，人们常称之为“手的时装”，特别受到女性的钟爱。手套起源于何时，现在很难考证，但我国自古有之。在湖南长沙马王堆一号西汉墓中出土过三副手套，这些手套都是采用绢绮缝制而成，整只手套长26厘米左右，宽10厘米左右，大拇指套分作单缝，是直筒露指式，这种手套目前在南方地区仍广为流行。在随葬品“清单”的竹简上，这些手套名为“尉”，尉在古代又作熨斗的“熨”字解，但各种字典上均未有“尉”是手套古代名称的任何解释，这不得不说是个谜。当然，马王堆汉墓出土的手套在中国并非

图3-18　手套

是最早的，在湖北江陵一座战国时期的楚墓中曾出土过一副皮手套，并且是五指套分缝，年代显然早于长沙马王堆汉墓出土的手套，也就是说，中国至少在2 500年前就有了手套。

1. 手套的作用

现在的手套已成为人们一年四季均可使用的日常用品，其主要作用是御寒、防护以及美饰等。

在寒冬腊月里，人们外出戴上手套，可以保暖，保护手部皮肤不被冻伤，是男女老幼必备的御寒用品。

医护人员戴的消毒乳胶手套在诊疗病人时可防止病菌的传染，在手术时可防止手上的细菌污染病人的伤口。工人工作时戴的橡胶手套可防止污染，起到保护手的作用，如环卫工人用来防止污物弄脏手部，筑路工人用来防止沥青的污染，化工工人用来防止酸碱对手部皮肤的侵蚀。采用棉纱线织制的手套有防尘、防油污等作用。一次性的塑料薄膜手套在医学和日常生活与工作中也有广泛的用途。

人们穿着正统的礼服或演员穿着演出服时，常配以手套达到美饰作用。例如，青年男女举行婚礼时，新娘穿白纱长裙，新郎着深色西装，常佩戴白色长、短手套；参加各种宴会、舞会或文艺演出活动时，穿上夜礼服、演出服或燕尾服，女性要戴齐肘长手套，采用与服装同样的面料和颜色，有白、乳白、灰、黑等颜色，款式一般不见明线，可充分体现出高雅、柔和、端庄的风格，而男性则大多戴由羊皮或白细棉质材料织制的手套，可显示出男性高贵的气质。在一般场合下，穿着各式轻便、休闲服装时，宜佩戴轻松活泼的短式手套，无须采用过多的华丽装饰，最多在手套上刺绣一些简单大方的图案，质地宜粗犷朴素，可选用毛线、羊皮、人造革、针织绒等，应根据服装式样进行恰到好处的匹配。当穿着运动服时，宜根据运动服的款式选戴色彩明快、质地粗犷的手套，如曾在世界上风靡一时的“霹雳舞”手套就使很多青年人爱不释手。穿工作服时，一般宜选戴用大粗明线装饰或拼色的手套，既大方又坚牢，非常实用。总之，手套是服饰之一，为了取得令人满意的装饰感和着装整体美，手套应与其他服饰相配套，特别是手套的色彩应与其他服饰相匹配，例如手套的色彩应和鞋子的色彩相一致。参见下文“手套的选择”。

2. 手套的种类

用于制作手套的材料较多，一般是根据戴手套的目的和场合来合理选用。例如，劳动保护手套有棉制的、橡胶制的，也有用维纶制的；穿礼服时戴的手套采用与礼服相同的面料或采用编织品、绢网、缎等织物制成，宴会、晚会或舞会上使用的齐肘长手套大多还要饰以刺绣或镶缀珠宝。

手套的造型设计有三种：一种是有五个指套的普通手套，市场上销售的手套大多属于这一种；另一种是将大拇指与其余四指分开的两指手套（包括南方地区广为流行的用毛线手工编织的手套）；再一种是没有指套的无指手套，大多是用毛线手工编织的手套或是用织物缝制的御寒手套。在这三种类型的手套中，五指手套的灵活性较好，但其厚度受到一定的限制，因为手指呈圆柱形，散热量较大，所以这种手套的御寒性能较差；两指手套和无指手套虽然在御寒性能上显示出优越性，但手指的活动都受到了很大的限制。

3. 手套的选择

（1）应根据戴用者的具体情况和环境来选择手套的材质和造型，以达到戴手套的目的，因为御寒、防护和美饰用的手套是不一样的。例如，婴幼儿和少年儿童手小、皮肤娇嫩，宜选用以柔软的棉线、绒线或弹力尼龙制成的手套，而老年人的血液循环较差，皮肤比较干燥，手足又特别怕冷，宜选用以轻软的毛皮、棉线制成的手套；对于冬天骑车的人或汽车司机来说，不宜选用由人造革、锦纶或过厚的材料制成的手套，否则将会影响交通安全。

（2）手套的尺寸要与手的大小相适应。手套太大不仅达不到保暖的效果，而且还会影响到美观和使用以及手指活动的灵活性，太小则会使手部的血液循环受阻而引起不适。

（3）手套要与整体装饰相一致。例如，穿灰色大衣或浅褐色大衣宜戴褐色手套，穿深色大衣适合戴黑色手套，穿裘皮服装应选择与其色彩一致的手套，穿色彩鲜艳的防寒服最好佩戴彩色手套，穿西装或运动服应选择与其色彩一致的手套或黑色手套。女性穿西服套装或夏令时装宜戴薄纱手套或网眼手套。运动服绝对不能与锦纶手套配套。参见上文“手套的作用”。

(4) 手套要与个人的特点相协调。因为手套是一种“手的时装”，所以应该同其他时装一样，选购时必须考虑不同的人在年龄、性格和气质等方面的差异。一般而言，年长而稳重的人适宜戴深色手套，年轻而活泼的人适合戴浅色手套或彩色手套。

4. 戴手套的注意事项

选戴手套虽是个人的事情，但其中也有一些礼节值得注意，否则稍有不慎就会引起嘲笑，甚至有失礼貌。例如，在西方国家的社交场合中，女士大多戴着手套，并被认为戴手套才是讲礼貌的，而且讲究白天戴短手套，晚间戴长手套，夏季戴夏装手套，冬季戴冬装手套；当人们见面握手寒暄时，男士不能戴着手套，否则就会被认为是不礼貌的，一旦进入室内，也应当立即脱下手套，但在以上两种情况下，女士都不必脱下手套，这是给予女士的优待。此外，不论男士还是女士，在喝茶、喝咖啡、吃东西或是吸烟的时候，都应提前脱下手套，否则会被视为不礼貌。女士戴手套时，不应把戒指、手镯、手表等物戴在手套的外面，衣袖也不允许塞进手套内。

十、袜子

袜子（图3-19）是一种穿在脚上的服饰用品，起着保暖和防脚臭的作用。袜子也和其他服饰一样，先由简到繁，再由繁到简，发展到现在的五花八门、形形色色，形成了“袜子王国”。

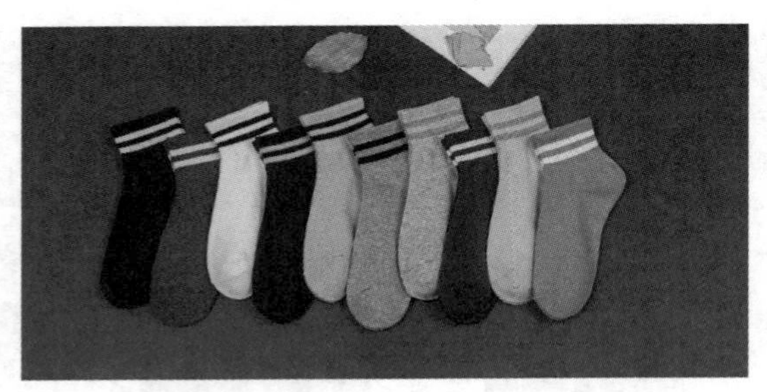

图3-19　袜子

1. 袜子的由来

古代罗马城的妇女在脚和腿上缠着细带子，这种绑腿便是最原始的袜子。中世纪中期，在欧洲又开始流行这种“袜子”，不过是用布片代替了细带子。在16世纪时，西班牙人开始把连裤长袜与裤子分开，并开始采用编织的方法来编织袜子。英国人威廉·李（William Lee）因妻子从事手工编织而研制针织机械，于1589年发明了世界上第一台手工针织机，用以织制粗毛裤，1598年又改制成可以生产较为精细丝袜的针织机。不久，法国人富尼埃（Fournier）在里昂开始生产丝袜。棉袜直至17世纪中叶才开始生产。

在中国古代，袜子也称为袜或足衣、足袋，由皮革或布帛裁缝而成。《中华古今注》记载："三代及周著角袜，以带系于踝。""三代"是指夏、商、周时期，距今已有三四千年历史，"角袜"应该是用兽皮制作的原始袜子。《帝王世纪》记载："武王伐纣，行至商山，袜系解。五人在前莫肯系，皆曰臣所以事君非为系袜。"这两则记载显示当时的袜子应属于系带袜，只能套在脚上，然后再用系带系在踝关节上。这种袜子一直使用了很长时间。

从长沙马王堆一号西汉墓中出土的绢面夹袜来看，其式样是用整绢裁缝制成，袜缝在脚面和后侧，袜底上无缝，后开口的袜筒在开口处附有袜带。魏晋时期，出现了类似现代的袜型，据传是魏文帝的吴妃最早以绫裁缝为之。一双精美的袜子，不仅具有保暖功用，美饰功用也不可小觑。曹植在《洛神赋》中就曾借用袜子来描述洛神的飘逸和洒脱："凌波微步，罗袜生尘。""罗袜"即是用丝织品做成的袜子，意思是说洛神脚穿罗袜，步履轻盈地走在平静的水面上，荡起细细的涟漪，就像走在路面上腾起细细尘埃一样。在古代可与罗袜媲美的高档袜子名目繁多，仅见于记载的就有锦袜、绫袜、绣袜、纻袜、绒袜、毡袜、千重袜、白袜、红袜、素袜等数十种。这些袜子均是以面料裁缝为之，一直到19世纪后期，随着西方针织品输入中国，针织袜子、针织手套以及其他针织品通过上海、天津、广州等口岸传入内地，商人们在沿海主要进口商埠相继办起了针织企业，一次成形的针织袜子才逐渐取代了面料裁缝袜子。

2. 袜子的种类

现在袜子的种类很多。① 按针织工艺分，有裁剪袜和成形袜两大类，裁剪袜是将针织坯布裁剪成一定形状，然后经缝合而成；成形袜是用袜机编织成一定形状的袜坯或袜片，袜坯经缝头机缝合而成袜子，而袜片需对折经缝合而成袜子。成形袜又可分为圆袜和平袜两类。圆袜在整个编织过程中，除袜头和袜跟外，参加编织的针数固定；平袜在编织过程中可任意调节参加编织的针数，外形符合腿形，主要用于长筒女袜生产中。② 按材料分，有锦纶弹力丝袜、锦纶丝袜、棉纱线袜、羊毛线袜、腈纶袜以及各种交织袜等。③ 按组织结构分，有素色袜和花色袜，花色袜又可分为横条袜、绣花袜（单色和双色）、网眼袜、提花袜（双系统、三系统）、凹凸提花袜、毛圈袜、闪色袜以及复合花色袜等。④ 按袜筒长度分，有长筒袜、中筒袜和短筒袜。⑤ 按袜口种类分，有平口袜、罗口袜和橡口袜。⑥ 按使用对象分，有男袜、女袜、成年袜、少年袜、童袜、婴儿袜等。⑦ 按穿着用途分，有常用袜、运动袜、劳动保护袜、医疗袜、舞袜等。⑧ 按品种形式分，有船袜、无跟袜、连裤袜等。⑨ 按染整工艺分，有素色袜、丝光袜、冲毛袜、拉毛袜、印花袜等。

圆袜的结构由袜口、袜筒和袜脚三部分组成。其中，袜脚包括袜跟、袜底、袜背和袜头。袜口的作用是使袜子边缘不致脱散并紧贴腿上。在长筒袜和中筒袜中，袜口一般采用双层平针组织；在短筒袜中，袜口采用罗纹组织，有时还衬以橡筋线或氨纶丝。袜筒的要求是使外形适合于腿形，按袜子种类的不同可分为上筒、中筒和下筒，长筒袜的袜筒包括这三部段，中筒袜没有上筒部段，短筒袜只有下筒部段。长筒袜的袜筒一般采用平针组织，也有采用防脱散集圈组织的，中筒童袜和运动袜的袜筒有的采用罗纹组织，短筒袜的袜筒采用添纱或提花组织。袜跟的要求是使袜子具有袋形部段，以适应脚跟形状，采用平针组织，并喂入附加纱线进行加固。袜背与袜筒的组织相同，在编织袜底时另加一根加固线，袜头的要求与袜跟相同。袜子在下机时袜头是敞开的，经缝合才成为一只完整的袜子。

3. 袜子的规格

袜子的主要参数有袜号、袜底长、总长、口长和跟高。袜子的规格是用袜号表示的，而袜号又是以袜底的实际长度尺寸（单位为厘米）为标准的，所以知道脚长后便可选购合脚的袜子（参见下文鞋的大小）。要注意的是，袜子所使用的原料不同，袜号系列也有所不同，其中，弹力尼龙袜的袜号系列以袜底长相差2厘米为1档，棉纱线袜、锦纶丝袜、混纺袜的袜号系列则以袜底长相差1厘米为1档。

4. 袜子的选择

（1）要注意袜子的质量。可用“紧、松、大、光、齐、清”6个字来概括，即袜口和袜筒要紧，袜底要松，袜后跟要大，袜表面要光滑，花纹、袜尖、袜跟无露针。

（2）根据穿用者脚的情况来选择袜子。例如，汗脚者宜选择既透气又吸湿的棉线袜和毛线袜，而脚干裂者则应选择吸湿性较差的丙纶袜和尼龙袜。

（3）根据穿用者的体型来选择袜子。腿较短的女性宜选用深色的丝袜以及同色的长裙和高跟鞋，在视觉上可产生修长的感觉，不宜选用大红大绿等色彩艳丽的袜子；脚粗壮者最好也选用深棕色、黑色等深色的丝袜，尽量避免浅色丝袜，以免在视觉上产生脚部更显肥壮的感觉；对于身材修长、脚部较细的女性来说，宜选用浅色丝袜，可使脚部显得丰满些。

（4）根据穿用者的服饰来选择袜子。穿高跟鞋宜选用薄型丝袜来搭配，鞋跟越高，袜子应越薄。丝袜的长度必须高于裙摆边缘，且留有较大的余地，当穿迷你裙或开衩较高的直筒裙时则宜选配连裤袜。穿一身黑色的衣服宜选用有透明感的黑袜，穿着花裙时选配素色丝袜可产生协调美。当然有静脉曲张的女性忌穿透明丝袜，以免暴露缺陷。

5. 丝袜的保养

为了提高丝袜的使用寿命，可把新丝袜在水中浸透后放进电冰箱的冷冻室，待丝袜冻结后取出，让它自然融化并晾干，这样在穿着时就不易损坏。对于穿过的旧丝袜，可滴几滴食醋在温水里，将已洗净的丝袜浸泡片刻再取出晒干，这样可使尼龙丝袜更坚韧耐穿，同时还可去除袜子上的异味。

十一、鞋

“千里之行，始于足下”是一句人人皆知的话，出自春秋末期老聃所著《老子》第六十一章，用来比喻大的事情要从第一步做起，事情的成功都是由小到大逐渐积累的。人要走远路，必须穿鞋（图3-20），用以保护脚免受伤害，鞋还具有保暖和美化的功能，可见鞋在人们的生活中是何等重要！如今全世界每人平均拥有5双鞋，每年全世界消耗的鞋、靴达78亿双。

图3-20　鞋

1. 鞋的由来

鞋起源于何时？又是由谁发明的呢？现在无从考证，但历史表明，我国不仅是服装文明古国，也是制造鞋的文明古国。大约在五千年前，人类在用骨针缝制兽皮衣服的同时也缝制兽皮鞋子，用来护脚以追寻猎物。

鞋是统称，古时称谓很多，还有履（屦）、屩、屐、鞮、靴、鞜、靸等。履、屦同义，汉前称屦，多为由麻、葛等制成的单底鞋；汉后称履，是由麻、丝制成的鞋。屩是草鞋。屐通常指木底鞋，有齿或无齿，也有草制或帛制的。鞮是指用兽皮做的鞋，其中高筒者称靴，靴是随胡服传入的，在汉代后才大量出现，到了唐朝才普及。鞜也是指用兽皮做的鞋。靸是指拖鞋，亦名靸鞋，三代皆以皮为之，始皇二年改用蒲制，从晋到唐多用草制，梁武帝时曾用丝制。

在我国历史上，有关鞋的故事很多，如“郑人买履”“削足适履”“寇准背靴”以及“穿小鞋”等等，这些富有哲理的故事给人们带来许多启迪和警示。

2. 鞋的功能

鞋是人们为了保护脚部、便于行走而穿用的兼有装饰功能的足装，其主要功能是御寒防冻、保健和防止带棱带刺的硬物的伤害，这是不言而喻的；除此之外，鞋子虽然只占人们服饰的很小部分，而且处于不引人注意的“最下层”，但是也关系到人的仪表和风度。

（1）鞋的保暖功能。研究表明，脚与人全身的血液循环有着十分密切的关系，在医学上常被称为人的“第二心脏”，而且脚掌与上呼吸道及内脏之间有着密切的经络关系，根据经络理论，如果足部受寒，势必影响到呼吸道和内脏，容易引起胃疼、腰腿疼、男子阳痿、女子行经腹痛、月经不调等病症。在一千多年前，唐代著名的医学家孙思邈在《千金方》中就提出了“足下暖”的科学见解，时至今日仍被人们当作祛病延年的养生之道。在民间有一些老人，在睡觉前喜欢用热水泡脚，不仅可以提高机体的抵抗力，而且还可以提早入睡和提高睡眠的质量。

根据西医理论，人体的热量主要来自食物在体内氧化分解释放出的热量和人体各组织、器官在机能活动中产生的热量，这些体内产生的热量通过心脏的收缩作用，靠血液循环携带到全身，而脚特别是脚趾远离心脏，是血管分布的最远处，待血液流至脚上热量已很少了，加上脚部皮下脂肪薄，保温能力相对较差，热量也容易散失，所以我国有句古话叫“寒从脚下起”。根据测定，脚趾尖的皮温只有25℃左右，因此，特别是在寒冬腊月里，鞋袜对保持脚部一定的温度具有“举足轻重”的作用。

（2）鞋的保健功能。近年来从事鞋业生产者运用人体工程学和现代运动生理学的原理，设计生产出品种繁多、造型别致、结构科学合理、穿着轻便舒适、行走方便的各种保健鞋，如磁性保健鞋、充气运动鞋、保健舒适鞋、空气调节鞋、新鲜空气鞋、脱臭鞋、水上行走鞋、夜光鞋、高速鞋、慢跑鞋等等。

（3）鞋的装饰功能。皮鞋楦型有圆头、尖头、扁平头、小方头，鞋头上小巧精美的饰件可起到画龙点睛的效果，如在以本色革为材料的鞋上加上长条形立体蝴蝶花，可产生典雅的立体感，年轻妇女穿在脚上新颖别致，纤秀爽丽；在鞋头装上亚光链等金属件，反差强烈，可在活泼中见稳定，颇有新意；有的采用标识来点缀鞋头，有电脑绣标识、本革凹凸形标识，而更多的则是金属字母或金属品牌标识，让人感受到鞋的档次和人们不同寻常的追求；也有的制造者采用工程塑料镶在鞋头，给鞋增添几分华贵、朴素或高雅；还有的采用复合型组合，产生非同寻常的艺术效果。

皮鞋的颜色也是丰富多彩、绚丽夺目，除了人们习惯的黑色、白色、棕色以外，大红、紫红、粉红、嫩黄、奶黄、天蓝、鲜绿、墨绿等配合服装的鲜亮色泽也纷纷登台亮相，形成色彩鲜亮的多彩世界。

鞋的材料也是无奇不有，如各种布质、牛皮、猪皮、羊皮、鸡皮、鳄鱼皮、麂皮、蛇皮、纹皮、漆皮、人造皮、塑料、网布、木质等，凡是能用的都用上了，从而使鞋的品种繁多。

此外，鞋的制造工艺精湛，设计精巧，造型美观流畅，也为鞋的装饰性添上了重重的一笔。一般都是采用传统精湛的技艺与现代先进工艺乃至高科技相结合，把合脚与美观大方有机地融为一体，使成鞋不但外观秀丽，而且内膛宽畅贴脚，脚肥的人穿上显得秀美，脚瘦的人穿上显得丰满，舒适轻盈，透湿透气，美观大方。

3. 鞋的种类和大小

鞋的品种和款式繁多。按用途分，有生活用鞋、劳动保护用鞋、运动用鞋、保健用鞋和舞台演出用鞋等；按穿着对象分，有男鞋、女鞋和童鞋；按制鞋原料分，有胶鞋类、塑料鞋类、皮鞋类和布鞋类等。

鞋的大小用“号”来表示，以脚长尺寸为依据，标准鞋号以1厘米为1号，半厘米内取近似值；通常所说的尺码是欧制鞋号，与标准鞋号的换算关系为：标准鞋号×2−10=欧制鞋号，如标准鞋号的23号（23厘米或230毫米）即欧制鞋号的36号。鞋的“型”对应脚的肥瘦，是以跖围（脚趾与脚掌连接的部位为跖，从脚的拇趾到小趾在跖部位围量一周为跖围）为基础制定的，分为1～5型，1型最瘦，5型最肥，型间距为7毫米；我国男女成人脚长每变化1厘米，跖围变化接近7毫米，如22号2型鞋比23号2型鞋的跖围小7毫米。

4. 鞋的选择

除了考虑鞋号以外，一般而言，鞋头的宽窄要适中，长期穿太尖太窄的鞋，易造成拇趾外翻和锤状趾畸形，而太宽松的鞋头则会使脚生胼胝；鞋背应高低适中，材质柔软，如鞋背过低或材质过硬，穿着初期会因顶磨足背而疼痛不适，继而可产生足背腱鞘囊肿；鞋的后帮两侧和后缘应与足后跟相吻合，不宜过紧、过松或过高，否则长期穿着后容易在跟骨皮下发生滑囊炎；关于鞋跟高度，宜选购低于5厘米的中跟鞋，最好是1～2厘米的平跟鞋；鞋底的选择也有讲究，鞋底的材料弹性要好，鞋底内面的形状要与足底相吻合，即鞋底内面隆起的部分要与足弓吻合，以免产生扁平足。幼儿、儿童、女青年、孕妇和老年人的鞋的选择还要特别注意以下问题。

幼儿的特点是骨头软，因此在学走路前宜穿软底布鞋，而且鞋要略宽，并大出约半寸；会走路后，宜穿稍硬一些的布鞋，鞋帮要稍高一些，鞋底要宽大，应有脚弓，并分左右。由于布鞋无跟，不利于足弓发育，而且走路多了会引起肌肉和韧带的劳损，因此宜将鞋的后跟垫高2厘米。同时，幼儿也不宜过早地穿拖鞋，因为幼儿为了能穿住拖鞋，脚趾会用力过大，时间一久容易形成八字脚，而且幼儿穿拖鞋行走时平稳性较差，容易摔跤而造成伤害。

少年儿童的天性是好动，跑、跳、运动较多，根据这一特点，宜穿大小合适的跑鞋、球鞋和旅游鞋，可减少足部的外侧肌群和韧带的劳损，并可防止发生平足症。

女青年特别是未婚的姑娘不宜穿高跟皮鞋，因为年轻的姑娘正处于发育的阶段，骨盆的骨质柔软，容易受到外力的作用而变形。穿高跟皮鞋后，身体必须前倾，为了保持身体的平衡就不得不改变身体姿势，即腰前凸增加，臀部后翘加大，使人体重力线前移，这会使骨盆的负担加重，容易导致骨盆入口变窄，造成结婚后分娩困难。年纪过大的妇女，身体灵活性差，骨头脆，穿高跟鞋行走会增加不安全因素。长期穿高跟鞋，为了保持身体的平衡，容易造成背部肌肉、腰肌、髂腰韧带、臀肌以及大腿、小腿后面的肌肉群过度收缩紧张而产生腰痛病。从力学角度来分析，长期穿高跟鞋，由于身体的重量过分集中在脚趾和前脚掌上，容易造成足畸形，而且足趾长期受到挤压而使局部血液循环不畅，常常会出现足趾的溃疡和坏死。所以，喜欢穿高跟鞋的时髦女郎日后成为脚病诊所的常客也就不足为奇了。

在冬末春初，走在大街上可看到一些妙龄少女穿着紧包脚和腿部的高筒皮靴。宽松的上衣、紧身的裤子或一条裙子，再加上一双高筒皮靴，给人一种英俊、潇洒、威武的感觉。但是，如果长期穿着皮靴，会在小腿下1/3处出现轻度肿胀和小腿肚及外侧疼痛，甚至在足背处也会产生疼痛，这就是腓浅神经压迫症，也有的穿着者还会发生跟腱周围炎、腱鞘炎、脂肪垫炎和脚气病等，这些病症就是人们通常所说的“皮靴病”。引起皮靴病的主要原因有皮靴偏小、靴筒过紧、靴子幅面偏低、靴跟过高等，这些不利的因素可使足背和踝关节处的血管、神经长时间处于被挤压的状态，从而造成足部、踝部和小腿处的部分组织血液循环不良。又由于皮靴的通气性较差，行走后足部散发的汗气无法及时消失，尤其是汗脚者更甚，这就给厌氧菌、霉菌等造成了良好的生长和繁殖环境，因此穿皮靴易得脚气病也就不足为怪了。为了预防这些病症的产生，应选购略大于常穿鞋号的皮靴，靴跟不宜过高，靴腰处不要过紧，还要保持靴内的干燥，不宜长时间穿着，回家后应及时换上便鞋或拖鞋。

对于孕妇或产后卧床过久、骤然离床行走的妇女，以穿着大小相称、柔软舒适、后跟高度约2厘米的鞋为宜。

对于体重过重的老年人来说，不宜穿着无跟的平底布鞋，最好将后跟垫高2.5厘米，这样既有利于行走方便，又有利于维持足弓。

下　篇

一、发饰

头发是人体外貌的“门面”。一个好的发型不仅能弥补脸型、头型的某些缺陷，而且还能使容颜增色。对年轻女性来说，头发的造型是美容的重要内容。现代发型的特点是优美、大方、舒展，合理的发饰与发型配套更能衬托出现代女性美。

女性的发型主要有仿男性发型（又称游泳发型）、短发型、披肩发型和特长发型，而发饰又可分为发带、发箍、发卡和发罩（图4-1）。一个简单的发饰就可以使女性发型增添不少魅力，成为人群中的亮点。

发带

发箍

发卡

发罩

图4-1　发饰

1. 发带

顾名思义，发带是一种装饰带。不同的发型应配系不同的发带，只有这样才能获得不同形式的美，使秀发平添几分诱人的魅力。发带品种很多，主要有以下几种。

(1)斜条宽式发带：通常选用红白相间的斜裁宽条布料缝制而成，在两端头部再装缝小平扣一粒和松紧带环。年轻的姑娘身穿红衣、白裙，再系上斜条宽式发带，使颜色上下呼应，显得十分俏丽大方，妩媚动人。

(2)直条宽式发带：一般选用蓝白相间宽条布料直裁。这种发带尤其适用于飘逸潇洒的长发型，年轻漂亮的女性系上这种色调明朗的发带，犹如仙女下凡，风度非凡。如果将发带束缚在发式的上部，既可使长发不零乱，又可达到装饰美化的艺术效果。

(3)沿边式发带：一般选用蓝印花布，采用白色细布镶0.3厘米的边，中间加衬布缝制而成。这种发带色调明快素雅，具有强烈的民族风格，尤其适合于较长的发型，可产生浓郁的传统艺术风格。

(4)钩编插花式发带：这种发带选用白色粗绒线，使用短针钩带、密针钩边，两端窄带密钩，带的端点缝小平扣及松紧环，再在带上绣几朵花。年轻的女士穿着一身白衣装，再佩戴白色的耳环和项链，在美丽的秀发上束缚一条曲直相宜的线点结合的发带，显得格外素净、高雅、贤淑。这种流线型的发带和首饰相匹配，更具时代气息和庄重感，加上白色的衣装，真可谓“不是红装胜似红装”。

（5）配色编制发带：该发带采用红、白、蓝三色或红黑、黑黄等色布缝成筒带编合而成。在带的尾端平缝牢固，并缝上小平扣及松紧带，环系成一条美观而别致的发带。若再配上红蓝珠饰在项间形成弧线，耳下变直线，再穿上红白条上衣，并在胸前打一个结，既庄重又活泼，增添了不少现代女性的韵味。

（6）蝶式发带：通常选用鲜红色缎条先缝成筒带，再在带的两端装上黄色金属珠，便成为一条别具风格的发带。它适宜于束缚卷曲的蓬松短发用，可形成独特而新颖的风格，使简洁的卷曲短发更加俏丽多姿，既稳重又高雅，常为中青年女性所喜爱。

发带的选用应考虑年龄：对于年龄小于20岁的青年女性和少女来说，剪短发者可选用红色或黄色的丝绸发带，会更显得性格开朗、天真活泼；大于30岁的中年女性可选用墨绿色或黑色的发带，会显得格外端庄，文静高雅。

2. 发箍

发箍是女性用来束发的一种常见发饰，老、中、青、少皆宜，不论是长发还是短发都可使用。它不仅具有实用性，而且还有一定的装饰性，通常采用塑料制成，也有采用有机玻璃或金属材料制成的，有的表面还有各种图案。发箍使用比较简单，戴在头上显得端庄简约而又落落大方。

3. 发卡和发夹

发卡和发夹是女性常用的发饰，形式多种多样，有用金属材料制成的，也有用塑料制成的，金属材料常用于发卡，塑料常用于发夹。佩戴发卡或发夹后人显得干练利索，尤其是少妇使用的有各种造型的发夹，夏天把头发束在脑后，露出细长的玉颈，既凉爽利索，又能显示出一个干练的女强人的精神风貌。发卡在头上佩戴的位置不同，效果也不一样，如将发卡从太阳穴向后别去，会使女性显得妩媚、艳丽；若斜着别在脑后的一侧，则会显得活泼、潇洒而俊秀。

4. 发罩和发网

发罩和发网也是现代女性喜爱的发饰，对那些因生活节奏快而无暇整理自己的秀发或是因病魔缠身自己梳发有困难的女性来说，戴一个发罩或发网是最理想的选择。发罩的取材来源广泛，不用的毛衣、纱巾、鲜艳的衬布以及零碎布料均是发罩就地取材的好原料。常见的发罩有圆型、帽子型和头巾型多种，都可为发型增添几分色彩。发网是用蚕丝或化纤长丝编织而成的，网眼可大可小，不仅可保持发型，而且还具有一定的美饰作用。

二、首饰

首饰（图4-2）是指佩戴在人体上的装饰品，狭义仅指戴在头上的装饰品，而广义则泛指以贵重金属、宝石、珍珠等加工制成的耳环、项链、戒指、手镯等装饰品。首饰在装饰人体的同时，还被用来表现佩戴者的社会地位和显示财富。在社会崇尚美的今天，首饰已成为女性整体风采的重要点缀，是人体美的一道亮丽的风景线，若能与佩戴者的气质、容貌、发型、装束浑然一体，就能更加显得优雅美丽，仪态万方。在某种意义上讲，饰物能体现出一个人的文化素养、气质风度以及审美格

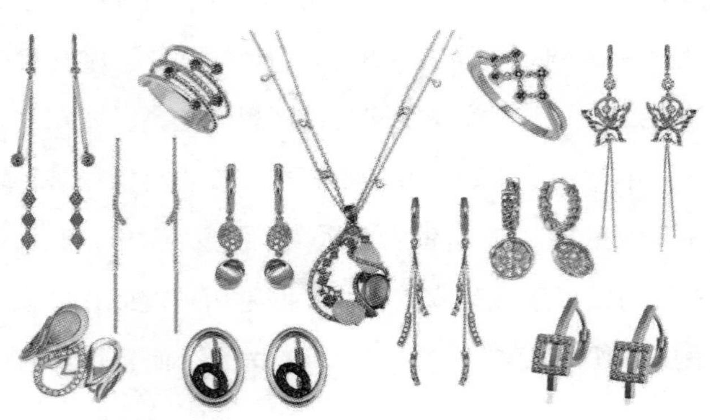

图4-2　首饰

调，因此饰物的数量并不是越多越好，价格也不是越昂贵越好，关键在于饰物美与总体美搭配和谐，恰到好处，能起到锦上添花的作用。

人类佩戴首饰的历史十分悠久，早在2万年以前的欧洲洞穴的壁画中，就已有佩戴装饰品的人物形象。约在4 500年前，古代“两河流域”的最大城市巴比伦（Babylon）（位于今伊拉克首都巴格达之南）已有运用黄金铸造工艺和錾花工艺制成的金冠、项链、耳环和手镯等首饰。在古埃及的中王国时代有黄金、红玉、绿松石镶嵌的首饰以及珐琅和掐丝珐琅首饰，品种有胸甲、手镯、脚镯、戒指和耳坠等。在公元前2000—前1200年的克里特－迈锡尼文化遗物中，发现有錾花的黄金饰针等首饰。其他如古希腊、古罗马、中世纪的拜占庭帝国时期和哥特时期的后期以及文艺复兴时期都有各具特色的首饰。第二次世界大战后，首饰呈现出一派繁荣的新气象，许多著名的美术家也参与了首饰设计，其作品具有现代艺术的风格。伦敦、巴黎、纽约已成为当今世界主要的首饰生产中心。除了西方发达国家外，世界上许多国家的首饰也都有发达精湛的技艺和鲜明的特色。

中国是一个具有古老文明的国度，中国的首饰在世界上占有重要的地位，其特点是与整体服饰的配合十分协调。在北京周口店山顶洞人的遗物中，可以看到许多用石珠、兽牙、蚶壳、骨管、鱼骨等缀成的串饰，这是中国最为古老的首饰。早在公

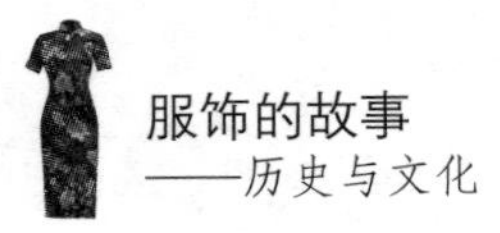

元前5000年的仰韶文化和公元前3000年的龙山文化时期，就有骨笄和骨梳。在商代和周代有“古之君子必佩玉”的礼仪，并出现用黄金压出花纹的金叶。商代有用白玉、碧玉和陶珠缀成的串饰。在周代的遗物中有多达577颗鸡血石珠和21件管形石饰件组成的串饰。其后各个朝代都相继出现各种造型特殊、手工技艺精湛的首饰。19世纪末至20世纪初，中国的首饰业发展异常迅速，在苏州、扬州、上海、广州、北京等地出现了不少民间首饰作坊和银楼，在此基础上逐渐出现了北京的花丝镶嵌首饰、上海的金银镶嵌首饰和钻石首饰，以及苏州、广州的珠宝镶嵌首饰等具有地方特色的品种。中国首饰款式新颖别致，品种繁多，有民间首饰和少数民族首饰两大门类，前者与时令习俗有关，而后者则具有各少数民族的特色，它们往往都有象征吉祥和爱情的寓意。

当今国际上首饰的艺术流派主要有3种：① 古典型首饰，这类首饰的款式基本上是继承19世纪以来的欧洲首饰设计的传统，目前世界上大多数高档首饰都属于这一类型，其市场需求量较大，供销持续稳定。② 时装首饰，这类首饰的款式随时装的变化而变化，一般多为低档首饰。③ 新潮首饰，这类首饰是在当前艺术思潮影响下设计的首饰，款式比较新潮、时尚、奇异，但流行周期较短。

现代首饰所使用的材料主要有3类。① 金属类，以黄金、白金（铂）、银等贵重金属为主。其中，白金最为昂贵，可是纯白金较软，一般都要混入少量铱制成合金。黄金使用最为广泛，纯黄金也很软，一般都要混入适量的银、铜或锌制成合金。黄金的纯度单位为K（Karat），纯金为24K，若以18份金加上6份其他金属则称为18K金（其含金量为75%），余类推。一件x克的yK黄金制品的含金量为：$y\div 24\times x$（克），例如，4克的18K金首饰的含金量为：18 ÷ 24 × 4=3（克）。② 宝石类，国际上将宝石分成正宝石和半宝石两种。正宝石有钻石、刚玉（蓝色的称蓝宝石，红色的称红宝石）、黄晶（黄玉、黄宝石）、绿宝石（翠玉、祖母绿）、金绿色宝石（猫儿眼）等。半宝石有水晶、玉髓、玛瑙、碧玉、孔雀石、绿松石、玉（包括硬玉、软玉，绿色硬玉称翡翠）等。除了上述宝石以外，还有4种非矿物类宝石，即珍珠、珊瑚、琥珀和煤精。其中，优质的天然珍珠与正宝石同列，其余3种一般列入半宝石。在宝石中，最为珍贵的要数钻石，又称金刚钻，是自然界中硬度最高的矿石，一般无色、透明，但也有一些呈黄、红、橙、绿、蓝、褐、紫等色。通常以色度、净度、重量和琢磨技艺4项指标来衡量珠宝类首饰的价值。宝石的重量单位为克拉（Carat），1克拉为200毫克。③ 人造材料类，这类材料有各种仿金合金（亚金、稀金等）、人造钻石、人造宝石和人造翡翠等。

首饰的品种繁多，按装饰部位的不同，可分为发饰、颈饰、耳饰、手饰、面饰、冠饰、带饰和佩饰8类，各类中又包括若干品种，常见的有耳环、项链、戒指和手镯，分述如下。

1. 耳环

耳环是穿在耳垂上的耳饰，是一种用来装饰女性容貌的饰物。随着发型与服装的不断发展与创新，耳环的装饰效果更加突显。耳环一般采用金银制成，也有的镶嵌珠玉宝石或悬挂珠玉镶成的坠饰。现代还流行以塑料或大理石、陶瓷等材料制成的耳饰，通常与服装配套。

耳环的选用要注意以下几点：

(1) 选择合适的耳环颜色。耳环的颜色如与服装同色调，将会产生协调美感；如果耳环与服装呈对比色，只要选用得当，则会给人留下动人的印象。例如，身穿深色或黑色的上衣时，最好佩戴一对黑色的耳环；身穿黑底带小白点的衣裙时，若佩戴一对小而白亮的耳环，则会显得温文尔雅；身穿黑白相间或蓝白相间的条纹上衣时，最好佩戴一对黑白或蓝白相间的塑料耳环，显得文静而有青春活力；淡雅素洁的上衣，白净的皮肤，若佩戴一对色彩漂亮耀眼的耳环则可增添几分美丽，若佩戴金色或同类色耳环则会显得高雅不俗；身穿深色衣服或肤色较深的女性戴上色彩明快或金色的耳环，则可打破沉闷而产生欢快愉悦的气氛。此外，夏季宜戴质地轻盈的耳环，冬季宜戴金银类耳环。

(2) 根据发型来选戴耳环。例如，留长发的女性，若佩戴带坠的耳环，则会显得漂亮而醒目，精神抖擞有活力；留短发型的女性，最好佩戴无坠耳环，显得干练而美丽；留不对称发型的女性，若佩戴一只大耳环，可起到平衡作用，显得新潮时尚而别有韵味；喜欢梳发髻的女性，则不宜佩戴带坠的耳环，否则会显得不利索，同时还会显得脸太长，看上去令人不太舒服。

(3) 根据脸型来选戴耳环。① 对于脸型偏短的女性而言，应佩戴有动感的带坠耳环，这样在视觉效果上可使脸型变长，增加美感。② 圆脸型的女性不宜佩戴圆形耳环，而应选择狭长形、长方形、水滴形、椭圆形等小一些的款式，可显得美丽可爱。③ 对于方脸型（国字脸）、高颧骨的女性而言，不宜佩戴方形或菱形耳环，也不宜佩戴黑色耳环，而宜选戴圆圈、钮形、贝壳形或细长些的耳环。④ 长脸型或窄脸型的女性，则应佩戴粗厚或圆钮形的宽耳环，不宜戴带坠的耳环，否则会使脸显得更长。⑤ 三角形脸型的女性宜佩戴贴耳式的小耳环，不宜佩戴大耳环或带坠耳环，以免使下颌显得更大。⑥ 倒三角形脸型的女性最适宜佩戴大耳环或带坠耳环，这样会显得协调而匀称。⑦ 对于瓜子形脸型的女性而言，由于这种脸型是人见人爱的标准脸型，所以适合佩戴各种类型的耳环，但应注意与服装、发型相协调以产生和谐的效果。

(4) 根据自己的身材来选戴耳环。身材矮小的女性如佩戴贴耳式点形小耳环，会显得干练、优雅、秀气、小巧玲珑，十分可爱；如佩戴带坠的耳环，由于出现视觉导向的下移，会使矮小的身材显得更矮，失去美感。对于身材高而瘦的女性来说，适宜佩戴带有坠子的大耳环，显得落落大方，可以平添几分动感；若佩戴贴耳式的小耳环，则视觉效果就很差。身材肥胖的女性不宜佩戴菱形的耳环，否则会显得体态更宽；如戴上其他类型的耳环，视觉效果更好些。

(5) 年龄也是女性选戴耳环的依据。年轻姑娘活泼好动，最适宜佩戴三角形、圆形、不规则几何形等色彩鲜艳、款式新颖入时的耳环，以增添几分天真烂漫的情调；中年女性及女性知识分子比较成熟，阅历丰富，适宜佩戴典雅大方、色泽单纯朴素的钻石耳环，会显得稳重、成熟、典雅、落落大方；老年妇女一般青睐环状金耳环，佩戴后显得精神抖擞，气质高雅。青年女学生处于求知成长时期，除特殊需要外，平日一般不宜佩戴耳环，这样更显得充满青春活力。

另外，戴眼镜的女性不宜佩戴大耳环，因为眼镜在脸部已占据了较大的面积，如戴上大耳环会显得非常不协调；佩戴小耳环则可以起到画龙点睛的作用，显得大小错落，产生协调和谐美。对于那些外耳形不美的女性来说，一般不宜佩戴耳环，否则容易吸引旁人的目光而暴露缺陷；若仅是耳垂不美，则可戴大贴耳式耳环进行遮盖，以获得扬长避短的效果。

总之，耳环款式、品种繁多，女性应该根据自身的条件和特点，选择佩戴适合自己的耳环，千万不要盲目地模仿别人，以免弄巧成拙，有损自己的形象。

2. 项链

项链戴于人体的醒目位置，一般由链条、搭扣和坠子三部分组成。其中，坠子款式很多，多数为心形，俗称“鸡心”，有的做成可以开启的小盒，内藏香料、微型肖像等。也有的项链不加坠子。在中国的传统习俗中，常给儿童戴下悬锁形坠子的项链，称长寿锁，有祝长寿的寓意。在现代，女性佩戴项链较多，常与低领上衣相配套。

除项链外，在项饰中常见的还有项圈、项珠等。项链中以金、银项链最为普遍，此外还有珠宝链，其中金、银项链的外观变化十分丰富，有方丝链、花丝链、花式链、马鞭链、松子链、水波链、双套链等。项圈是用金、银或铜等不同材料制成的圈状项饰品，其形状主要有钮结、竹形、麻花、曲弧等，这种项饰在少数民族中使用较为普遍。项珠曾称念珠，原先是佛教徒佩挂的，现在深受青年人喜爱，由动物骨、仿骨、石、仿石、木、瓷、玻璃、塑料等材料制成，其造型别致，色彩美妙，极具现代感和时尚观感。

坠子是与项链一起使用的挂件，又称挂坠、吊坠，可增强项链的装饰效果。一般而言，挂件的质地应与项链保持一致。金、银材料挂件的形式通常有鸡心、锁片、圆币式、生肖造形及标牌式等，这类挂件是不镶嵌宝石的；另有一种是金银材料镶嵌宝石的挂件，其款式有鸡心玛瑙、象牙头像、翡翠锁片、水晶球形等。挂件的款式要与项链配套，挂件以小的款式为宜，宝石也不宜太大、太多。其中，马鞭链可配以宽厚些的鸡心挂件或球形挂件，若选择镶有宝石的挂件，宝石可多些，颗粒宜大些。另外，挂件的重量和项链也要相配，若项链的重量为10克左右，则挂件的重量应为4～5克（不包括宝石的重量）。

项链的选用要注意以下几点：

（1）项链应与服装的质地相配。当女性身穿柔软、飘逸的丝绸衣裙时，应选择佩戴精致、细巧的项链，这样可使佩戴者更加妩媚动人；当女性穿着粗呢或皮毛服装时，佩戴由新材料、新工艺制成的项链比较协调，这样可显得新潮和有时代感；身穿现代感强的流行时装，佩戴骨质、木质、石质、塑料等新颖流行的项饰，要比佩戴传统的金项链更为美妙，显得更有品位和现代感；平时喜欢穿毛衫、运动衫的女性，若佩戴一般的玻璃、贝壳、树果制成的项链，颜色可鲜丽些，显得活泼大方、高雅古朴、成熟老练。

（2）项链应与服装的款式相协调。当女性身穿礼服、宴会服等正规服装参加婚礼、宴会之类的庆典或隆重仪式时，可选择佩戴镶嵌有珠宝的项链或用贵重金属精制的项链，款式应严谨大方些、大一些，这样可增添端庄之美和传统古典秀雅之美；在此种场合，穿礼服却佩戴塑料或其他材料制成的项链，则有失庄严之美，容易显得不伦不类。若衣服的领口与项链重叠，则会影响造型上的美观，因此，在穿圆领口的衣服时最好佩戴长项链。

（3）项链应与服装的颜色相协调。当女性身穿单色或素色服装时，若佩戴色泽明亮艳丽的项链，可使项饰显得更加醒目，在项链的点缀下，服装的色彩也显得更为活跃丰富；当穿色彩鲜艳的服装时，佩戴简洁单色的项链不仅不会被艳丽的服装颜色所淹没，还可产生平衡美感。例如，身穿红色或其他华丽色彩的衣裙时，若佩戴一条银项链，可产生一种高雅、气度不凡的美感；孔雀蓝色的项链若与白色服装相配，既显活泼而又不失雅致，堪称巧妙的搭配；身穿黑色的衣裙时，若佩戴白色的项链，则因对比强烈而光彩倍增。金色的项链几乎能与各种服色相配，例如与黑色、橙色、灰色、白色、栗色、海蓝色、苔绿色等颜色的服装相配都能相得益彰，因此，对项链与服装的颜色搭配拿不准时，一般可选用金项链。

（4）项链应与佩戴者的体型相协调。脖子细长的女性可佩戴多层圈的项链，且链条宜稍短些；也可同时佩戴几根项链，但不可同样长短，要错落有致，最外面的一圈不宜超过乳房上缘。脖子短的女性适合佩带细长且有坠子的项链，这样可把人们的视线引向坠子，产生纵长的视觉效果；脖子短的女性切忌佩戴紧围脖子的短项链，因为脖子本来就短，被紧围脖子的项链分割后会显得更短。圆脸型的女性不适宜佩戴由圆珠串成的大项链，因为过多的圆形不利于脸型的调整。脸型狭窄、表情冷漠的女性应尽量避免佩戴黑色的项链，选择其他颜色的项链才能使脸部显得丰满并可增添几分情感色彩。

(5) 项链应与佩带者的年龄相匹配。不同年龄的人应选择适合该年龄段人群的材质和款式的项链，例如，中老年女性应选戴高雅、精致的金、银或珠宝项链，显得高雅而稳重，如果脖子有皱纹，应佩戴一条粗厚的项链或长长的项链或半珠链，这样可把别人的视线引到项链上，并且能使人显得庄重；至于年轻的姑娘和少妇，佩戴项链的选择余地则比较大，无论是象牙、骨头、石头、木质、塑料、绳索还是其他材料制作的项链，只要造型新颖别致、可爱动人，佩戴后都会显得漂亮、活泼，富有青春活力和情趣。

在此，也要顺便提一下，男性一般不宜佩戴项链，它不仅不能展现男性的气质，而且也不能衬托男性的英姿，在视觉效果上往往会给人带来轻浮、庸俗和低格调的印象。

3. 戒指

戒指又称指环，是套在手指上的饰品，一般多为用金银制成的小圈。戴戒指除为了装饰以外，还可用来显示华贵、表达爱情。在西方国家里，戒指按功能和含义可分为订婚戒指、结婚戒指、生日戒指、印章戒指、校名戒指、教派戒指、丧礼戒指等品种。戒指的式样有素戒指和嵌宝石戒指两种，素戒指没有宝石装饰，嵌宝石戒指在戒面上镶嵌各种宝石。制作戒指的材料有白金（铂）、黄金、银、玉、玻璃、塑料或合金等，作为订婚或结婚象征的戒指必须是纯金、白金或银制成的，寓意爱情的纯洁与永恒；嵌钻石戒指宜采用合金而不宜用纯金，原因是纯金硬度不够，不容易嵌牢价值昂贵的钻石。

戒指的种类很多，主要有：① 线戒，一般以数粒（通常为5粒）红钻排成一线，构成造型精巧、色彩艳丽的红钻戒；② 润条戒，戒面呈正方形，形态十分优美；③ 刻花闪光戒，戒身刻有 S 形或几何图形，小巧、精致、闪光；④ 嵌宝戒，有适宜于手大指粗者佩戴的大镶戒（即以花、叶或如意形状镶嵌宝石者），也有适宜于手指纤细者佩戴的搭花戒（造型以精巧取胜）；⑤ 钻戒，是指用金刚钻镶制而成的戒指，比较贵重，分男式与女式两种，男式钻戒偏于方形，而女式钻戒则偏于圆形、纤巧；⑥ 方板钻，这种戒指开面较大，花纹具有立体感；⑦ 玉戒，主要采用新山玉、绿密玉、玛瑙、翡翠等制成，具有小巧玲珑、色泽悦目等特点。

佩戴戒指很有讲究，戒指的不同戴法常包含着不同的暗示，切不可随便戴。已订婚或正在热恋中的女性，应将戒指戴在中指上；结婚戒指一般只能戴在无名指上，无名指上若同时戴两只戒指，则结婚戒指通常应戴在靠近指根的一侧，靠近指尖的一只一般为订婚戒指；戒指戴在食指上，则表示未婚或暗示求婚；戒指戴在小指上则暗示意欲独身或尚未恋爱，也可表示中年女性已失配偶；大拇指通常不戴戒指。上述佩戴戒指的方法仅是沿用已久的习俗，是一种约定俗成的习惯戴法，但是，若不按此法佩戴，常易引起一些误会。例如，一位尚未订婚的姑娘，若把戒指戴在中指或无名指上，别人会误以为该姑娘已经订婚或结婚了，可能因此失去寻找意中人的良机；一位已经结婚的人，若把戒指戴在食指或小指上，别人会误以为尚未婚配而追逐求爱，招来不必要的麻烦。

此外，戴戒指不宜过紧，以舒适不易脱落为宜，也不宜长时间佩戴，每天晚上睡觉前应取下戒指，以保证手指血液循环畅通。为防止细菌滋生繁殖，要经常擦拭戒指，清洁手部皮肤。一旦发现手指局部有不适、红肿等症状时，应立即停止佩戴。

戒指的选用要注意以下两点：

(1)戒指的大小和形状应因人而异。例如，手指短的女性最适合戴窄戒指，这样可使手指显得纤细和小巧玲珑，增添几分美感；男性戴戒指应选择宽一些的，这样才会显得大方、潇洒、粗犷和有气魄。

(2)戒指的色泽应与佩戴者的肤色相协调。肤色主要是指手背的皮肤颜色，戒指的色泽与肤色搭配合理有时会带来十分微妙的美化效果。手背皮肤白嫩的女性佩戴任何颜色的戒指都十分相宜、漂亮、雅致。手背肤色偏红的女性，佩戴珊瑚色或浓色红宝石一类的戒指比较合适，可将手背的颜色衬托得更美观，而绿色或其他浅淡的颜色则会突出手背的赤红色而显得俗气。对手背皮肤偏黄的女性来说，应避免戴黄宝石及紫色宝石戒指，否则在对比之下，手的肤色将会显得更黄。褐皮肤的手戴上金戒指会显得非常协调，有高雅、俊秀之感。手背肤色偏黑的人，若佩戴深颜色（如褐色或黑色）的宝石戒指，则可使手背的颜色不太显眼，收到较好的视觉效果。

4. 手镯

手镯是戴在手腕部位的圆圈形首饰，有链状或环状两种式样，用金银、象牙或玉石制成，也有的镶嵌宝石。手镯的品种有金手镯、银手镯、嵌宝手镯、翡翠手镯、珐琅手镯、链条手镯等。近年来，随着新材料、新工艺的出现，手镯又增添了许多新品种，如以塑料制成的与服装配套的手镯等。

用黄金或白银制成的手镯，其款式有单环、双环，有的还在环上饰有各种图案，显得富丽华贵。嵌宝手镯一般是用黄金镶宝，并用链条连接而成，通常还在宝石上饰有福、寿、吉等字样，老年女性比较喜爱佩戴这种既富贵又素雅的手镯。珐琅手镯又称景泰蓝手镯，其造型浑厚淳朴，色彩丰富，图案富于变化，美观雅致，是现代流行时装较为理想的配套装饰品。链条手镯也称手链，造型轻巧、美观、精致、新颖，颇具时代感，有的手链还镶有珍珠、红钻等贵重珠宝。

在此，必须提醒手镯佩戴者注意的是，戴用水银涂搽的手镯是十分危险的，时间长了容易引起汞中毒。因为手镯的体积较大，重量较重，如果长期佩戴，有时可导致手腕部皮肤因长期反复摩擦而增厚、变形，反而会影响美观。金手镯中所含的杂质（如铬、镍等）及放射性元素也会影响佩戴者的健康。

三、花边

图4-3　花边

花边（图4-3）是用于装饰的有各种花纹图案的薄型带状织物，是一种用作服装及家用纺织品（如窗帘、台布、床罩、枕罩等）嵌条或镶边的装饰带。服装与花边的关系犹如红花与绿叶，常言道“红花须得绿叶衬”，服装上巧妙搭配的花边不仅能给服装锦上添花，而且能体现服装的品质之美、艺术之美。花边所用的原料有棉线、蚕丝、黏胶丝、锦纶丝、涤纶丝和金银线等，个别品种还使用丝或棉的包芯氨纶线。

公元4—5世纪的埃及墓葬中就有类似抽纱花边和雕绣花边的织物。相传中世纪欧洲的花边生产主要集中在修道院。15世纪，意大利、比利时和法国都在大力发展花边生产。到了17世纪，欧洲的花边生产进入繁荣时期，产量迅速增长，此时意大利的威尼斯花边已著称于世。19世纪初，英国人J. 利弗尔斯发明了木制花边织机，于是机织花边问世，从而导致欧洲手工花边的衰落。1846年，诺丁汉又出现了窗帘花边织机，时隔不久，能织出各种装饰花边的机器问世。在1900—1910年间，欧洲的机织花边工业已相当繁荣，机器可以模仿各种手工花边的效果，从此机织花边取代了手工花边。

19世纪末，欧洲的机织花边传入中国，爱尔兰传教士J. 马茂兰在山东烟台开设培真女校，专门传授花边技艺，培养了大量人才，中国的机织花边生产从此开始，但在20世纪80年代以前，织造花边的机器主要依靠国外进口。到了90年代初，江苏南通吸收了国外花边织机的特点，结合国内的实际情况，自主研发了我国第一台花边织机，并以深圳文义花边厂作为试点单位，从此结束了我国花边织机依靠进口的局面。

花边按织造方式可分为机织花边、针织（经编）花边、编织花边和刺绣花边四类；形式多样，有平边、牙边（又分为单牙边和双牙边）、波浪边、水浪边、双梅边、鱼鳞边、蜈蚣边等。

1. 机织花边

机织花边是指由织机的提花机构控制经线与纬线相互垂直交织的花边。通常是以棉线、蚕丝、锦纶丝、人造丝、金银丝、涤纶丝、腈纶丝为原料，采用平纹、斜纹、缎纹和小提花等组织在有梭或无梭织机上用色织工艺织制而成。可多条同时织制或独幅织制后用电热切割分条制成。常见品种有纯棉花边、棉腈交织花边等。机织花边具有质地紧密、色彩绚丽丰富、富有艺术感和立体感等特点，适用于各种服装与其他织物制品的边沿装饰。

纯棉花边采用染色棉线作为经纬线。底经底纬采用细特纱单股线。花经花纬采用中、细特纱双股线，特殊的可用粗特纱三股线。底组织以平纹为主，也有少数运用蜂巢等小花纹组织。花组织以缎纹为主，也可采用一些特殊组织。纯棉花边质地坚牢，耐洗耐磨，色彩绚丽，有立体感。主要用于地毯、挂毯、被单、服装、鞋子、背带等的沿边装饰。

丝、纱交织的花边在中国少数民族服饰中使用较多，故又称民族花边。图案大都是吉祥如意、庆丰收等具有民族特色的内容。织造时一般采用染色人造丝和染色棉线双股线。地组织以平纹为主，花组织以缎纹为主，两侧的边组织则采用缎纹或斜纹。常见品种一般以棉或低捻的人造丝为经，用以提花（人造丝多用作花经），无捻人造丝为纬。该花边质地坚牢，色泽鲜艳，但不耐洗。主要用于少数民族服装的装饰，也可用于鞋帽、童装、台布、家具、盖面布的缀边及妇女的头带。

尼龙花边是以锦纶丝和弹力锦纶丝为原料，地组织采用平纹，花组织可根据花纹图案的不同要求选用斜纹或缎纹，采用锦纶丝为底经或底纬，用弹力锦纶丝为花纬，在提花织机上织成后经湿热定型而成。多数的边组织制成牙口状，使边沿具有较活泼的线条美。产品轻薄透明，色泽艳丽，光泽柔和。用于各种服装、童袜、帽子、家具布等的装饰。

2. 针织花边

针织花边由经编机织制，故又称经编花边。采用锦纶丝、涤纶丝、黏胶人造丝为原料，俗称经编尼龙花边。其制作过程是舌针使用经线成圈，导纱梳栉控制花经编织图案，经过定型加工处理开条即成花边。地组织一般采用六角网眼，独幅编织。坯布经漂白、定型后分条，分条宽度一般在10毫米以上。也可色织成各种彩条彩格，花边上无花纹图案。这种花边的特点是质地稀疏、轻薄，网状透明，色泽柔和，但多洗易变形。主要用作服装、帽子、台布等的边饰。

爱丽纱是指狭条形棉或腈纶花边。它是经编网眼织物，一边是平的，另一边呈尖圆小牙口。采用棉线或腈纶线织制。带身柔软，外观漂亮。主要用作童装、内衣、枕套、玩具等的边饰。

3. 编织花边

编织花边又称线花边，是指采用编织的方法制成的花边。编织花边分为机械编织花边和手工编织花边两种。

(1) 机械编织花边：机械编织花边主要采用全棉漂白，色纱为经纱，纬纱采用棉、人造丝、金银线，通常以平纹、经起花、纬起花组织交织成各种色彩鲜艳的花边，一般是锭子越多，编织的花型越大，花边越宽。花边的宽度为10～60毫米不等。花边一般采用单色为主，造型以带状牙口边为主，以牙口边的大小、弯曲程度和间隔变化来改变花边的造型，成品多呈孔式，质地疏松，品种数量有较大的局限性。

(2)手工编织花边：手工编织花边大多为我国传统的工艺品。一般以棉线、腈纶、涤纶、锦纶等纱线为原料。这类产品具有质地松软、多呈网状、花型繁多等特点，但花边的整齐度不如机编花边，生产效率低下。

在目前的花边品种中，编织花边属于档次较高的一类，它可作为时装、礼服、衬衫、内衣、内裤、睡衣、睡袍、童装、羊毛衫、披肩等各类服饰的装饰性辅料。

4. 刺绣花边

刺绣花边主要用于嵌条、镶边等装饰，特种花边还可用作高级服装的辅料。刺绣花边可分为机绣花边、手绣花边和水溶性花边三类。

(1)机绣花边：机绣花边采用自动绣花机绣制，即在提花机构控制下使坯布上获得条形花纹图案，生产效率高。各种原料的织物均可作为机绣坯布，但以薄型织物居多，尤以棉和人造棉织物效果最好。

（2）手绣花边：手绣花边是中国传统手工艺品，生产效率低，绣纹常易产生不匀现象，绣品之间也会参差不齐。但是，对于花纹过于复杂、彩色较多、花回较长的花边，刺绣方法仍非手工莫属。手绣花边比机绣花边更富于立体感。

（3）水溶性花边：水溶性花边是刺绣花边中的一大类，它以水溶性非织造布为底布，用黏胶长丝作为绣花线，通过电脑平板刺绣在底布上，再经热水处理使水溶性非织造布溶化，留下具有立体感的花边。

四、纽扣

纽（钮）扣（图4-4）又称扣子，是服装辅料之一，最初是专用于服装连接的扣件，随着社会的发展和科学技术的进步，今天的纽扣除了连接功能外，更多地体现出装饰与美化的功能。在琳琅满目的时装上，我们常常可以看到如珠似宝、如金似钻、千姿百态的装饰纽扣，为时装增添了新的风采和韵味，令年轻女性目不暇接，好不喜欢。

图4-4　纽扣

1. 纽扣的历史

纽扣最早出现在印度。考古工作者曾在印度河河谷发现用贝壳雕成的穿有两个孔的护身符，据考证，这可能是公元前3000年的衣扣。一千年后，苏格兰居民开始制作煤玉扣子。在我国，纽扣的出现要晚于印度三千多年。据考证，中国在1 800年前出现了连接服装的纽扣，早期的纽扣主要是石纽扣、木纽扣和贝壳纽扣。在纽扣的历史上，特别值得一提的是中式盘扣，它是中国传统服装的纽扣形式，造型优美，做工精巧，犹如千姿百态的工艺品，是中国服饰文化中独树一帜的奇葩。唐代在中国历史上是经济、文化繁荣的鼎盛时期，在当时的圆领袍上广泛使用了纽襻扣，一般都使用三对，是后来服装上使用排扣的起源。自唐代以后，纽扣的形制越来越多，明代服装上主要使用金属材料纽扣，清代以后纽扣成为衣服上最主要的系结物。1885年，法国格勒诺布尔的工业企业家勒尼奥(Regnault)发明了摁扣(揿扣)，为纽扣家族增添了新的成员。

2. 纽扣的种类

随着纽扣装饰功能的增强，形形色色的纽扣不断出现，令人眼花缭乱。纽扣的花色品种很多，有方形、圆形、棱形、椭圆形、叶形，以及凸花纽扣、凹花纽扣、镶花纽扣、镶嵌纽扣、包边纽扣、涂料纽扣等等。按照纽扣的取材特点可分为四大类——合成材料纽扣、天然材料纽扣、金属纽扣和组合纽扣。

(1)合成材料纽扣：合成材料纽扣是目前世界纽扣市场上数量最大、品种最多、最为流行的一种纽扣。这类纽扣的优点是色泽鲜艳，造型丰富而美观，价廉物美，所以深受广大消费者的喜爱；缺点是耐高温性较差，而且容易污染环境，这是美中不足之处。合成材料主要分为热塑性树脂和热固性树脂两大类，前者成型后通常是透明的，可进行二次熔融加工，后者成型后通常不能进行二次熔融加工。合成材料纽扣分为板型扣、棒型扣和异形扣三种类型，按外观特点又分为瓷白纽扣、平面珠光纽扣、玻璃珠光纽扣、云花仿贝纽扣、条纹纽扣、仿皮纽扣、珠光棒材纽扣等。有的合成材料纽扣可以镀上金属（金、银、铜、铬等），称为电镀纽扣。

（2）天然材料纽扣：天然材料纽扣是以自然界的天然材料制成的纽扣，这是一类最古老的纽扣，也是对人体无不良作用的绿色环保纽扣。目前，在纽扣市场上常见的天然材料纽扣有真贝纽扣、木材纽扣、毛竹纽扣、椰子壳纽扣、坚果纽扣、石头纽扣、宝石纽扣、骨头纽扣、蜜蜡纽扣、真皮纽扣等。这些纽扣都有各自的特点，人们喜爱这类纽扣的主要原因是它们取材于大自然，与人们的生活比较贴近，这在一定程度上迎合了现代人回归大自然的心理要求，满足了部分人追求自然的审美观。当然，从理化性能考虑，它们也都具有自身的优点。例如，海产企鹅贝纽扣，色泽如珍珠，质地坚硬如石，纹理自然、高雅、华贵，品质极为精良上乘，是纽扣中的上品；又如，某些宝石纽扣及水晶纽扣，不仅自身品质高贵，装饰性和美饰性极强，而且材质硬度高，耐高温性和耐化学清洗性好，这些材质的纽扣精致而华丽，是任何合成材料纽扣所不及的，是纽扣中的佳品。

（3）金属纽扣：金属纽扣由金属材质制作而成，款式有四合扣、高档四合扣、工字扣、牛仔扣、撞钉扣、角钉扣、鸡眼扣、气眼扣、缝线扣等，最常见的外形为圆形、六角形、等边形、不等边形等，常加上阿拉伯数字、英文字母、动物、人物、花卉、注册商标及花纹等图案。

（4）组合纽扣：组合纽扣是将两种或两种以上不同的材料通过一定的方式组合而成的纽扣，一般是将两种或两种以上的材料用黏合剂进行黏合，由此产生的组合纽扣的种类十分繁多，举不胜举。目前，在国际上流行数量最大、影响面最广的组合纽扣有 ABS 电镀 – 尼龙件组合纽扣、ABS 电镀 – 金属件组合纽扣、ABS 电镀 – 树脂件组合纽扣、金属 – 环氧树脂件组合纽扣等。这些组合纽扣与单一材料纽扣相比，其特点是功能更全面，装饰性更强，并在很大程度上满足了人们对色彩斑斓、极富个性化服装的追求。

3. 纽扣的选择

纽扣的成本是很低的，但对提高服装的档次贡献不小。纽扣就像服装的眼睛，若选择得当，可以起到画龙点睛的作用。通过纽扣的各种巧妙组合，可使服装产生不同的视觉效果。在服装的肩、领、袖、袋口、门襟等处合理地点缀一些装饰纽扣，可使服装变得更美丽时髦，更具个性化，更有表现力。

纽扣的种类繁多，性能各异，如何正确而合理地选配纽扣呢？

首先，要根据衣料的颜色来选配纽扣。纯色衣料宜选用外形简单的纽扣，浅色衣料宜配较深的同色调纽扣。也可采用对比色，利用衣料与纽扣色彩的强烈反差造成引人注目的效果。

其次，要选用合适颜色的纽扣。鲜艳颜色的纽扣可以给人活泼年轻的感觉，暗色调的纽扣则给人以沉稳安全感。选配时，可根据理想形象以及服装的外观效果需要来确定。

再次，纽扣的选配要和服装的风格特点相协调。对于装饰性强的女装而言，应选配富有特色的纽扣，而税务、工商、军队、公检法等职业人员的服装则应具有明显的行业特征，要求端庄、严肃、规范，选配的纽扣不应太花哨，不能随心所欲。

五、拉链

拉链（图4-5）又称拉锁，是一种可重复拉合、拉开的，由两条柔性的、可互相啮合的单侧牙链所组成的连接件。拉链是一百多年来世界上最重要的发明之一，已成为当今重要的服装辅料。

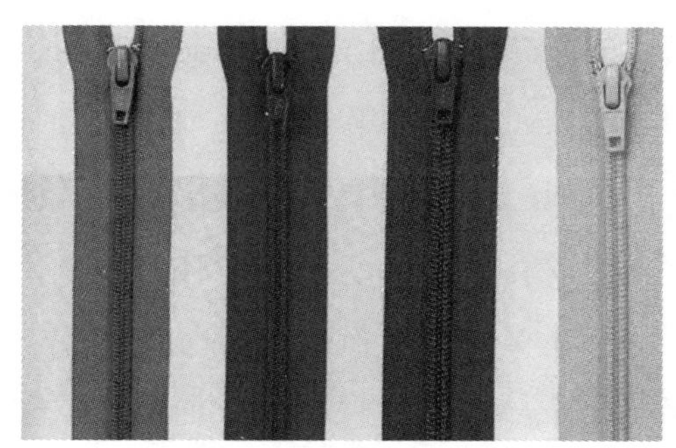

图4-5　拉链

1. 拉链的历史

从1851年开始，就不断有人提出有关拉链发明的专利申请，但直至1893年，美国人尤德森（Udson）才发明了世界上第一条具有实用价值的金属拉链。翌年，美国企业家沃克

(Walker)利用尤德森的发明，在纽约附近的一个小镇上建立了世界上第一家用机器进行批量生产的拉链制造厂。由于生产的发展，沃克于1904年聘请瑞典人阿朗格(Arang)担任该厂经理，出于业务发展的需要，阿朗格又聘用瑞典工程师桑德巴克(Sandbak)主持拉链的设计和生产。经过桑德巴克的努力钻研与精心设计，拉链的实用价值被提高到一个崭新的水平，拉链的制作技术也先后流传到瑞典和德国等欧洲国家。

在第一次世界大战期间，战争的需要促使拉链获得了空前的大普及和大推广。战争开始后，美国军方意识到拉链的使用可有效地提高军人的着装速度，于是后勤部门下令在军装的上衣口袋和裤子的前襟处都缝上了拉链，这种使用拉链的新军装深受参战将士的欢迎。1918年，美国军方又在空军的1万套飞行服上缝上了拉链，经过比较，发现使用装有拉链的飞行服后，飞行员的穿衣速度有了很大的提高。时隔5年后，美国科德里齐公司设计生产的Zipper牌拉链成为世界上第一个拉链注册商标。此后，Zipper牌拉链遍及全球，而zipper也逐渐成为拉链的代名词。据20世纪30年代的统计，当时全球每年生产的拉链就在6亿条以上。

经过第二次世界大战，拉链在全球的使用更为普及了。战后，日本以引进技术为手段，大力开发新产品，使拉链的生产又跃上了一个新台阶。1953年，具有多年拉链生产经验的一家德国拉链公司开发了非金属拉链新产品，首次研制成功用塑料制作的拉链。这种非金属拉链的问世，不仅开辟了链牙原材料的来源，而且大幅度地降低了拉链的生产成本，使拉链和拉链生产出现了一次质的飞跃。

我国从事拉链生产的历史较短，20世纪30年代，上海三星拉链厂才开始生产金属拉链，而且主要是用简单的工具进行作坊式的手工生产。1958年以后，通过大搞技术革新和技术改造，我国研制出拉链生产专用机械，从而使拉链生产从以手工生产为主转变为以半机械化和机械化生产为主，大大提高了拉链生产的效率和产品质量，缩小了我国的拉链生产与世界水平的差距。从20世纪70年代末到90年代初，我国不少企业从国外引进了先进的拉链生产设备，并加以消化吸收，使我国的非金属拉链工业迅速崛起，改变了落后的面貌，总产量和产品质量迅速提高，已能生产中、高档产品，花色品种也日益丰富，不仅满足了国内市场的需要，而且还大量向国外出口。

2. 拉链的种类、工作原理和型号

拉链的品种较多，有金属拉链（包括铜拉链、铝拉链、铸锌拉链）、树脂拉链（包括注塑拉链、强化拉链）、涤纶拉链（包括螺旋拉链、双骨拉链）等，均由拉链带、链牙、拉头、上止和下止、插座（方块）、插销、贴胶等经适当组合而制成。常见的拉链形式有单头闭尾式、双头闭尾式、双头开尾式等。链牙有粗细之分，齿形各有不同；拉头造型富于变化，既可作为拉手，

又可作为装饰。

拉链的工作原理很简单，即两条拉链带通过拉头的作用，能随意地拉合或拉开。当拉动拉头使两条链牙带闭合时，链牙带上的链牙脚因拉头内腔闭合角的形状限制而受到推挤，互相产生有规则的啮合，于是就形成了拉链的闭合状态。当拉头拉至拉链的端点时，由于上止合拢后的宽度大于拉头内腔最狭处的宽度，因而对拉头起到限位的作用，使拉头不会从链带上脱落。当拉动拉头把两条链牙带拉开时，由于拉头内腔拉体柱的两侧柱面组成的劈开角的作用，使链牙的牙峰与牙谷逐个分开，从而达到使两条链牙带分离的目的。当拉头拉至拉链的底部时，由于下止的宽度大于拉头内腔口部的宽度，从而起到限位的作用，使拉头不会从链牙带上脱落。

拉链的规格是指牙链即两个链牙啮合后的宽度，计量单位是毫米，是拉链各尺寸中最具特征的尺寸。对应于一种规格的拉链，还有一系列各组件的形状尺寸，如链牙宽、链牙厚、纱带宽以及拉头内腔口部宽、口部高等。拉链的规格是确定拉链各组件形状尺寸的依据。型号是拉链尺寸、形状、结构及性能特征的综合反映。拉链的型号，除包含拉链的规格要素外，更侧重反映拉链的性能特征。常见的拉链型号有3号、4号、5号、7号、8号、10号等，其中3号适用于裙子、裤子等，4号适用于大衣、外套等，5号适用于箱包、手袋等，7号适用于旅行箱、登山包等，8号适用于帐篷、休闲椅等，10号适用于帐篷、帆布车棚等；此外还有特殊型号如20号、30号，通常适用于特殊场合或定制产品。

3. 拉链的选择

拉链作为服装的重要辅料之一，已从过去单纯的实用品转变为服装装饰品。全球有90%的服装设计师在注重拉链功能性的同时，更加注重拉链的时尚性，使之为服装设计服务。因此，随着服装的款式、功能以及人们审美观的多样化，拉链也变得更加丰富多彩、绚丽夺目。在选择拉链时，需要考虑与服装主料、款式之间的相容性、和谐性以及拉链本身的装饰艺术性和经济实用性。

具体来说，在选择服装用的拉链时应从以下几方面进行综合考虑：

(1)根据拉链承受外力的能力进行选择。一般而言，拉链的型号与拉链的承力指标是相对应的，型号越大，规格尺寸也越大，承受外力的能力也越强。如果型号相同，但所使用的材料不同，拉链能够承受的外力的大小也是不同的。

(2)根据拉链的链牙材质进行选择。链牙是拉链的一个重要组成部分，链牙采用什么样的材质决定了拉链的基本性状，特别是手感和柔软度，这也直接影响到拉链与服装的兼容性以及美观程度。① 注塑拉链：特点是粗犷简练，质地坚韧，耐磨损，耐腐蚀，色泽丰富多彩，所适用的范围大。此外，由于链牙的齿面面积较大，有利于在链牙平面上镶嵌人造钻石和宝石，使拉链更美观，增加附加值。其缺点是链牙较大，使拉链的柔软性不够，有粗涩之感，拉合时的轻滑度比同型号的其他类别的拉链稍差一些，从而使其使用范围受到一定的限制。注塑拉链主要适用于外套，如夹克衫、滑雪服、羽绒服、工作服等面料较厚的服装。② 尼龙拉链：特点是链牙柔软，表面光滑，色彩鲜艳多彩，拉动轻滑，啮合牢固，品种门类繁多。此外，尼龙拉链的生产效率高，原材料价格较低，生产成本相对较低。链牙镀银新技术的应用，增加了尼龙拉链的装饰性。尼龙拉链被广泛用于各式服袋和包袋，特别是内衣和薄型面料的高档服装以及女裤等。由于尼龙拉链具有可挠性特点，所以被大量用于可脱卸式的各类长外衣、短外衣和皮夹克内衬等。尼龙拉链中的隐形拉链、双骨拉链则是女裙、女裤的首选辅料，而编织拉链因无中心线而使牙链变薄、变轻，不会使西裤门襟起拱，因而成为高档西裤的理想辅料。③ 金属拉链：有铜质、铝合金和锌合金数种。其中，铜质拉链较贵重些，其特点是结实耐用，拉动轻滑，粗犷大方，与牛仔服装特别相配；缺点是链牙表面较硬，手感不柔软，后处理不好的话容易划伤使用者的皮肤，而且价格较高。铝合金拉链与同型号的铜质拉链相比，其强度略差，但经过表面处理后可达到仿铜和多色彩的装饰效果，且价格比铜质拉链低。铜质拉链主要用于高档的夹克衫、皮衣、滑雪服、羽绒服、牛仔服装等，铝合金拉链主要用于中低档的夹克衫、牛仔服、休闲服、童装等。

（3）根据服装的种类和拉链使用的部位进行选择。例如，上衣的门襟处应选用开尾拉链，如果上衣较长需要考虑到穿着者下蹲则可选用双开尾拉链。一般而言，衣裤的口袋、裤子门襟以及女连衣裙等应选用闭尾拉链。有些时髦服装需要正反两面都可以穿，门襟上可选用回转式拉头、单头双片拉头及双头双片拉头的开尾拉链。女裤及裙子面料较薄，同时考虑到时尚和流行元素，可选用隐形拉链或双骨拉链，特别是带蕾丝带的隐形拉链。在裤子的门襟上也可采用反装拉头的尼龙闭尾拉链，可起到类似隐形拉链的作用。

（4）根据服装的颜色和装饰性要求进行选择。考虑到服装面料与辅料在颜色上的协调性，需要选择与面料色泽相一致的拉链，使主料与辅料达到浑然一体的效果；有时则需要使主料与辅料的颜色产生强烈的对比效果，此时就应选择差异性较大的颜色。在拉链行业有通用的拉链色卡，便于服装生产厂家选择各种颜色的拉链。

六、尼龙搭扣

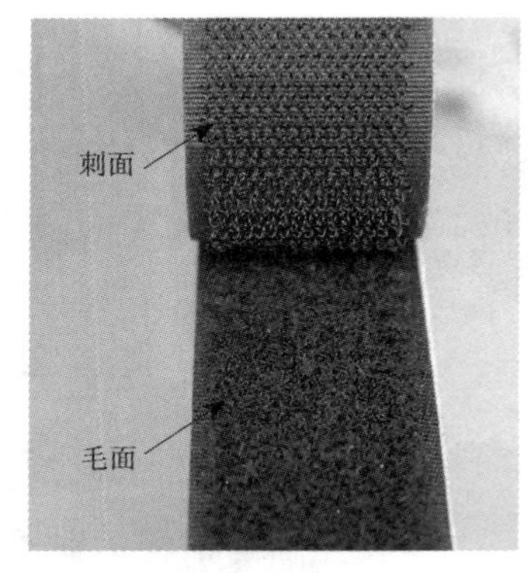

图4-6　尼龙搭扣

尼龙搭扣（图4-6）又称尼龙搭扣带、锦纶搭扣带、魔术贴、粘扣带等，它是由尼龙丝织成的两种带织物，其中一种带织物表面织有许多毛圈（称为绒面、圈面或毛面），另一种带织物表面织有许多均匀的小钩子（称为钩面或刺面），只要将这两种带子对齐后轻轻挤压，毛圈就被钩住，只有从搭扣的头端向外稍用力拉才能撕开，因此，它能起到连接作用，可以代替纽扣、拉链等连接件。

尼龙搭扣常用锦纶为原料，由平纹地组织与成圈组织织成。钩面带用0.22～0.25毫米直径的锦纶单丝成圈，经热定型、涂胶、刻割成钩等处理，具有硬挺直立而不易变形的钩子。圈面带用333dtex×12f（即300den×12f）的锦纶复丝成圈，经热定型、涂胶、磨绒处理，获得浓密柔软的圈状结构。在上式中，tex（特克斯）、den（旦尼尔）为线密度单位，1den≈0.111tex，若1 000米长丝的质量为1克，则该长丝的线密度（纤度）就是1tex；d为分数单位词头“分”，即10^{-1}；f为filament（单纤维），12f表示1根丝由12根更细的丝组成。

尼龙搭扣柔软且使用十分方便、省时、快捷，主要用作服装、背包、袋子、安全装备、皮件、手套、帐篷、降落伞、垂帘、布幔、运动用具、医疗器具等的连接件。

关于尼龙搭扣的发明，还有一个有趣的故事。传说1948年秋季的某一天，瑞士工程师乔治·德梅斯特拉尔（Georges de Mestral）外出打猎回来，发现自己的衣服上和同去的狗身上挂满了牛蒡草籽，草籽在狗毛上粘得很牢，要花费不少时间才能把草籽弄下来。他感到很奇怪，为什么这种草籽能粘得这么牢？于是他用放大镜仔细观察这种草籽，发现草籽表面上的纤维有无数微小的钩刺，能紧紧地抓住布料和狗毛。这引起了他浓厚的兴趣，激发了他发明一种连接件的灵感。经过不断研究，在8年以后，他终于研制出定型产品。这种产品由两条尼龙条带构成，一条上布满了钩，与牛蒡草籽的钩刺相似；另一条上布满了毛圈，与毛巾上的毛圈相似。若将两条带子相对挤压，二者就会牢牢地固定在一起，产生了比纽扣优越而与拉链相似的效果。他将此项发明命名为“尼龙搭扣”。最终，尼龙搭扣因其防挤压、不生锈、质轻、可洗涤、使用方便的优点而被广泛使用。

参考文献

[1] 季龙. 中国大百科全书·轻工卷[M]. 北京：中国大百科全书出版社，1991.

[2] 邢声远. 常用纺织品手册[M]. 北京：化学工业出版社，2012.

[3] 邢声远. 如何打理你的衣物[M]. 北京：化学工业出版社，2009.

[4] 邢声远. 服装基础知识手册[M]. 北京：化学工业出版社，2014.

[5] 王坤，左砚苓，梅谊，等. 服装·服饰与保健[M]. 北京：中国纺织出版社，1994.

[6] 马华，荆志刚. 服饰大观[M]. 北京：科学普及出版社，1986.

[7] 鹿萌. 穿出你的健康美丽来[M]. 北京：经济管理出版社，2009.

[8] 孙世圃. 中国服装教程[M]. 北京：中国纺织出版社，1999.

[9] 赵翰生，邢声远，田方. 大众纺织技术史［M］. 济南：山东科学技术出版社，2015.

[10] 赵翰生，邢声远. 服装·服饰史话［M］. 北京：化学工业出版社，2018.

[11] 邢声远. 服装知识入门［M］. 北京：化学工业出版社，2022.